찐 합격 무료강의

당신도 이번에 반드시 합격합니다!

소방안전관리자 3급

5개년 기출문제

우석대학교 소방방재학과 교수 / 한국소방안전원 초빙교수 역임 **공하성** 지음

BM (주)도서출판 성안당

원퀵으로 기출문제를 보내고 원퀵으로 소방책을 받자!!

소방안전관리자 시험을 보신 후 기출문제를 재구성하여 성안당 출판사에 10문제 이상 보내주신 분에게 공하성 교수님의 소방시리즈 책 중 한 권을 무료로 보내드립니다.
독자 여러분들이 보내주신 재구성한 기출문제는 보다 더 나은 책을 만드는 데 큰 도움이 됩니다.

이메일 coh@cyber.co.kr(최옥현) | ※메일을 보내실 때 성함, 연락처, 주소를 꼭 기재해 주시기 바랍니다.

- 독자분께서 보내주신 기출문제를 공하성 교수님이 검토 후 선별하여 무료로 책을 보내드립니다.
- 무료 증정 이벤트는 조기에 마감될 수 있습니다.

도서 A/S 안내

성안당에서 발행하는 모든 도서는 저자와 출판사, 그리고 독자가 함께 만들어 나갑니다.

좋은 책을 펴내기 위해 많은 노력을 기울이고 있습니다. 혹시라도 내용상의 오류나 오탈자 등이 발견되면 "좋은 책은 나라의 보배"로서 우리 모두가 함께 만들어 간다는 마음으로 연락주시기 바랍니다. 수정 보완하여 더 나은 책이 되도록 최선을 다하겠습니다.

성안당은 늘 독자 여러분들의 소중한 의견을 기다리고 있습니다. 좋은 의견을 보내주시는 분께는 성안당 쇼핑몰의 포인트(3,000포인트)를 적립해 드립니다.

잘못 만들어진 책이나 부록 등이 파손된 경우에는 교환해 드립니다.

저자 문의 : pf.kakao.com/_Cuxjxkb/chat
cafe.naver.com/119manager (공하성)

본서 기획자 e-mail : coh@cyber.co.kr(최옥현)

홈페이지 : http://www.cyber.co.kr   전화 : 031) 950-6300

Preface

머리말

3일 끝장 합격!
한번에 합격할 수 있습니다.

- **1일** 2회분 기출
- **2일** 2회분 기출
- **3일** 1회분 기출+틀린 문제 총정리

저는 소방분야에서 20여 년간 몸담았고 학생들에게 소방안전관리자 교육을 꾸준히 해왔습니다. 그래서 다년간 한국소방안전원에서 초빙교수로 소방안전관리자 교육을 하면서 어떤 문제가 주로 출제되고, 어떻게 공부하면 한번에 합격할 수 있는지 잘 알고 있습니다.

이 책은 한국소방안전원 교재를 함께보면서 공부할 수 있도록 구성했습니다. 하루 8시간씩 받는 강습 교육은 매우 따분하고 힘든 교육입니다. 이때 강습 교육을 받으면서 이 책으로 함께 시험 준비를 하면 효과 '짱'입니다.

이에 이 책은 강습 교육과 함께 공부할 수 있도록 문제에 한국소방안전원 교재페이지를 넣었습니다. 강습 교육 중 출제가 될 수 있는 중요한 문제를 이 책에 표시하면서 공부하면 학습에 효과적일 것입니다.

문제번호 위의 별표 개수로 출제확률을 확인하세요.

★ 출제확률 30%	★★ 출제확률 70%	★★★ 출제확률 90%

한번에 합격하신 여러분들의 밝은 미소를 기억하며…….
이 책에 대한 모든 영광을 그분께 돌려드립니다.

저자 공하성 올림

▶▶ **기출문제 작성에 도움 주신 분**
박제민(朴帝玟)

GUIDE

시험 가이드

1 ▸▸ 시행처

한국소방안전원(www.kfsi.or.kr)

2 ▸▸ 진로 및 전망

- 빌딩, 각 사업체, 공장 등에 소방안전관리자로 선임되어 소방안전관리자의 업무를 수행할 수 있다.
- 건물주가 자체 소방시설을 점검하고 자율적으로 화재예방을 책임지는 자율소방 제도를 시행함에 따라 소방안전관리자에 대한 수요가 증가하고 있는 추세이다.

3 ▸▸ 시험접수

- 시험접수방법

구 분	시·도지부 방문접수(근무시간 : 09:00~18:00)	한국소방안전원 사이트 접수(www.kfsi.or.kr)
접수 시 관련 서류	• 응시수수료 결제(현금, 신용카드 등) • 사진 1매 • 응시자격별 증빙서류(해당자에 한함)	• 응시수수료 결제(신용카드, 무통장입금 등)

- 시험접수 시 기본 제출서류
  - 시험응시원서 1부
  - 사진 1매(가로 3.5cm×세로 4.5cm)

4 ▸▸ 시험과목

1과목	2과목
소방관계법령	소방시설(소화설비, 경보설비, 피난구조설비)의 점검 · 실습 · 평가
화재 일반	소방계획 수립 이론 · 실습 · 평가 (업무수행기록의 작성 · 유지 실습 · 평가, 화재안전취약자의 피난계획 등 포함)
화기취급감독 및 화재위험작업 허가 · 관리	작동기능점검표 작성 실습 · 평가

1과목	2과목
위험물 · 전기 · 가스 안전관리	응급처치 이론 · 실습 · 평가
소방시설(소화설비, 경보설비, 피난구조설비)의 구조	소방안전 교육 및 훈련 이론 · 실습 · 평가
–	화재 시 초기대응 및 피난 실습 · 평가

5 출제방법

- 시험유형 : 객관식(4지 선택형)
- 배점 : 1문제 4점
- 출제문항수 : 50문항(과목별 25문항)
- 시험시간 : 1시간(60분)

6 합격기준 및 시험일시

- 합격기준 : 매 과목 100점을 만점으로 하여 매 과목 40점 이상, 전 과목 평균 70점 이상
- 시험일정 및 장소 : 한국소방안전원 사이트(www.kfsi.or.kr)에서 시험일정 참고

7 합격자 발표

홈페이지에서 확인 가능

8 지부별 연락처

지부(지역)	연락처	지부(지역)	연락처
서울지부(서울 영등포)	02-850-1378	부산지부(부산 금정구)	051-553-8423
서울동부지부(서울 신설동)	02-850-1392	대구경북지부(대구 중구)	053-431-2393
인천지부(인천 서구)	032-569-1971	울산지부(울산 남구)	052-256-9011
경기지부(수원 팔달구)	031-257-0131	경남지부(창원 의창구)	055-237-2071
경기북부지부(파주)	031-945-3118	광주전남지부(광주 광산구)	062-942-6679
대전충남지부(대전 대덕구)	042-638-4119	전북지부(전북 완주군)	063-212-8315
충북지부(청주 서원구)	043-237-3119	제주지부(제주시)	064-758-8047
강원지부(횡성군)	033-345-2119	–	–

CONTENTS

차 례

기출문제가 곧 적중문제

2024~2020년 기출문제

기출문제가
곧 적중문제

2024~2020년
기출문제

이 기출문제는 수험생의 기억에 의한 문제를 편집하였으므로 실제 문제와 차이가 있을 수 있습니다.

우리에겐 무한한 가능성이 있습니다.

제 1 과목

★★★

01 다음 중 무창층의 개념으로 틀린 것은?

유사문제
23년 문03
22년 문01
20년 문09

출제연도 • 문제 •

교재 P.34

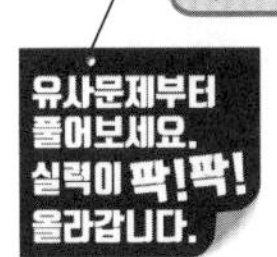

① 크기는 지름 50cm 이하의 원이 통과할 수 있을 것
② 해당층의 바닥면으로부터 개구부 밑부분까지의 높이가 1.2m 이내일 것
③ 내부 또는 외부에서 쉽게 부수거나 열 수 있을 것
④ 도로 또는 차량이 진입할 수 있는 빈터를 향할 것

해설

무창층

(1) 크기는 지름 **50cm** 이상의 원이 통과할 수 있을 것 보기 ①
(2) 해당층의 바닥면으로부터 개구부 밑부분까지의 높이가 **1.2m** 이내일 것 보기 ②

화재발생시 사람이 통과할 수 있는 어깨너비, 키 등의 최소기준을 생각해 봐요.

나! 창문
지름 50cm 이상, 통과
1.2m 이내
바닥면

(3) **도로** 또는 **차량**이 진입할 수 있는 **빈터**를 향할 것 보기 ④
(4) 화재시 건축물로부터 쉽게 **피난**할 수 있도록 개구부에 **창살**이나 그 밖의 장애물이 설치되지 않을 것
(5) 내부 또는 외부에서 **쉽게 부수거나 열** 수 있을 것 보기 ③

정답 ①

02 정온식 스포트형 감지기에 대한 설명으로 옳은 것은?

유사문제 23년 문25 21년 문50
교재 P.130

① 바이메탈, 감열판 및 접점 등으로 구분한다.
② 주위 온도가 일정 상승률 이상이 되는 경우에 작동한다.
③ 거실, 사무실 등에 사용한다.
④ 감열실, 다이어프램, 리크구멍, 접점 등으로 구분한다.

해설

②·③·④ 차동식 스포트형 감지기에 대한 설명

(1) 감지기의 구조

정온식 스포트형 감지기	차동식 스포트형 감지기
① **바이메탈**, **감열판**, **접점** 등으로 구성 보기 ① 공하성 기억법 **바정(봐줘)** ② **보일러실**, **주방** 설치 ③ 주위 온도가 **일정 온도** 이상이 되었을 때 작동 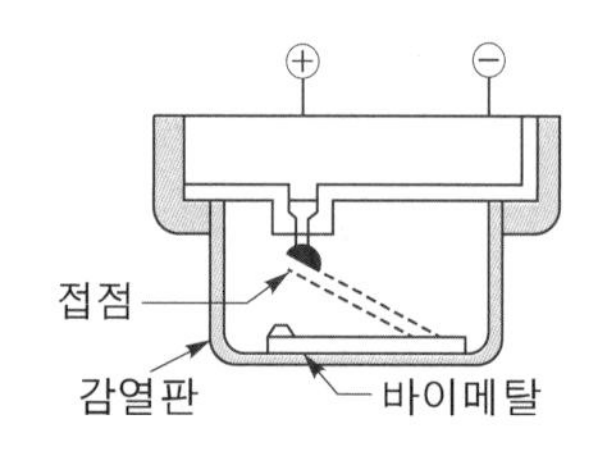 ‖ 정온식 스포트형 감지기 ‖	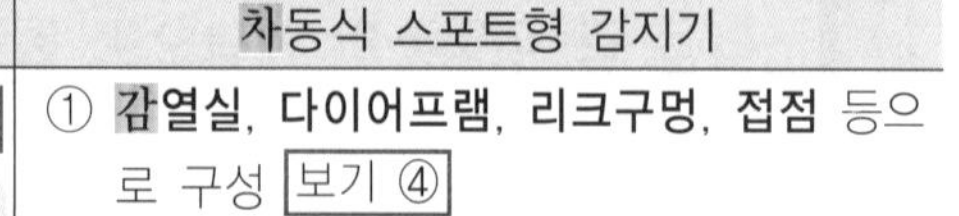① **감열실**, **다이어프램**, **리크구멍**, **접점** 등으로 구성 보기 ④ ② **거실**, **사무실** 설치 보기 ③ ③ 주위 온도가 **일정 상승률** 이상이 되는 경우에 작동 보기 ② 공하성 기억법 **차감** 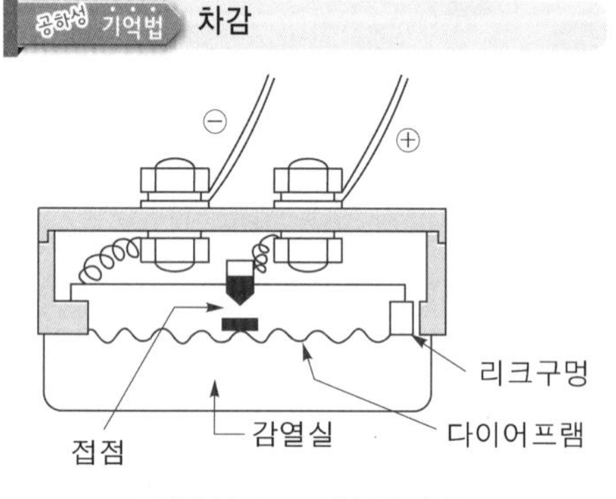 ‖ 차동식 스포트형 감지기 ‖

(2) 감지기의 특징

감지기 종별	설 명
차동식 스포트형 감지기	주위 온도가 **일정 상승률** 이상이 되는 경우에 작동하는 것
정온식 스포트형 감지기	주위 온도가 **일정 온도** 이상이 되었을 때 작동하는 것
이온화식 스포트형 감지기	주위의 공기가 **일정 농도**의 **연기**를 포함하게 되는 경우에 작동하는 것
광전식 스포트형 감지기	연기에 포함된 미립자가 **광원**에서 방사되는 광속에 의해 산란반사를 일으키는 것

정답 ①

03 다음 중 자동화재탐지설비에 관한 설명 중 옳은 것은?

유사문제 24년 문47 22년 문28

교재 PP.138-144

① 예비전원시험시 전압계가 있는 경우 정상일 때 19~29V를 가리킨다.
② 도통시험시 도통시험스위치를 누른 후 바로 단선확인등이 점등되면 회로가 단선된 것이다.
③ 동작시험복구순서 중 가장 먼저 할 일은 자동복구스위치를 누르는 것이다.
④ 동작시험시 동작시험스위치 버튼을 누른 후 회로시험스위치를 돌리며 테스트한다.

해설

② 바로 → 각 경계구역 동작버튼을 차례로 누르고
③ 자동복구스위치를 누르는 것이다. → 회로시험스위치를 돌리는 것이다.
④ 회로시험스위치를 → 자동복구스위치를 누르고 회로시험스위치를

P형 수신기의 동작시험

구 분	순 서
동작시험순서	① 동작시험스위치 누름 ② 자동복구스위치 누름 ③ 회로시험스위치 돌림
동작시험복구순서	① 회로시험스위치 돌림 ② 동작시험스위치 누름 ③ 자동복구스위치 누름
회로도통시험순서	① 도통시험스위치를 누름 ② 각 경계구역 동작버튼을 차례로 누름(회로시험스위치를 각 경계구역별로 차례로 회전)
예비전원시험순서	① 예비전원 시험스위치 누름 ② 예비전원 결과 확인

정답 ①

04 전기안전관리상 주요 화재원인이 아닌 것은?

유사문제 20년 문24

교재 P.88

① 전선의 합선　　② 누전
③ 과부하　　④ 절연저항

해설

④ 해당없음

전기화재의 주요 화재원인

(1) 전선의 **합선(단락)**에 의한 발화 보기 ①
단선 ×
(2) **누전**에 의한 발화 보기 ②
(3) **과전류(과부하)**에 의한 발화 보기 ③
(4) **정전기불꽃**

정답 ④

★
05 실무교육을 받지 아니한 소방안전관리자 및 소방안전관리보조자의 벌칙은?

교재 P.32

① 300만원 이하의 과태료 ② 200만원 이하의 과태료
③ 100만원 이하의 과태료 ④ 20만원 이하의 과태료

해설 **100만원 이하의 과태료**

실무교육을 받지 **아니한 소방안전관리자** 및 **소방안전관리보조자** 보기 ③

정답 ③

★
06 곧바로 지상으로 갈 수 있는 출입구가 있는 층은 무엇인가?

유사문제 22년 문19
교재 P.34

① 무창층 ② 피난층
③ 지하층 ④ 지상층

해설 **피난층**

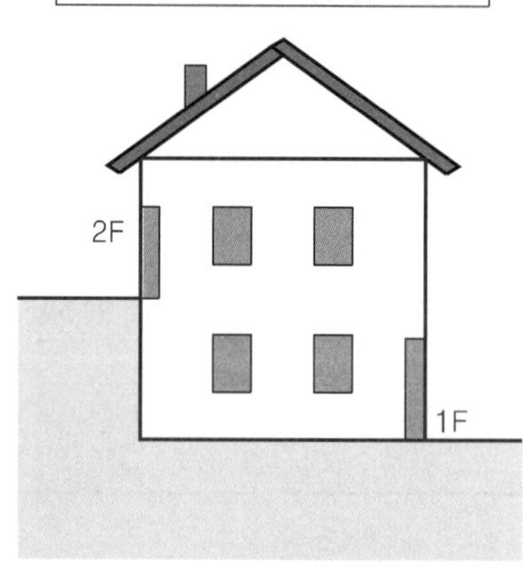

| 피난층 |

곧바로 지상으로 갈 수 있는 출입구가 있는 층 보기 ②

공하성 기억법 피곧(피곤)

정답 ②

★★★
07 다음 중 감열실, 다이어프램, 리크구멍, 접점 등으로 구성된 감지기는?

유사문제 24년 문02 23년 문25
교재 P.130

① 차동식 스포트형 감지기
② 정온식 스포트형 감지기
③ 차동식 분포형 감지기
④ 정온식 감지선형 감지기

 감지기의 구조

정온식 스포트형 감지기	차동식 스포트형 감지기
① **바이메탈, 감열판, 접점** 등으로 구성 공하성 기억법 **바정(봐줘)** ② **보일러실, 주방** 설치 ③ 주위 온도가 **일정 온도** 이상이 되었을 때 작동	① **감열실, 다이어프램, 리크구멍, 접점** 등으로 구성 보기 ① ② **거실, 사무실** 설치 ③ 주위 온도가 **일정 상승률** 이상이 되는 경우에 작동 공하성 기억법 **차감**

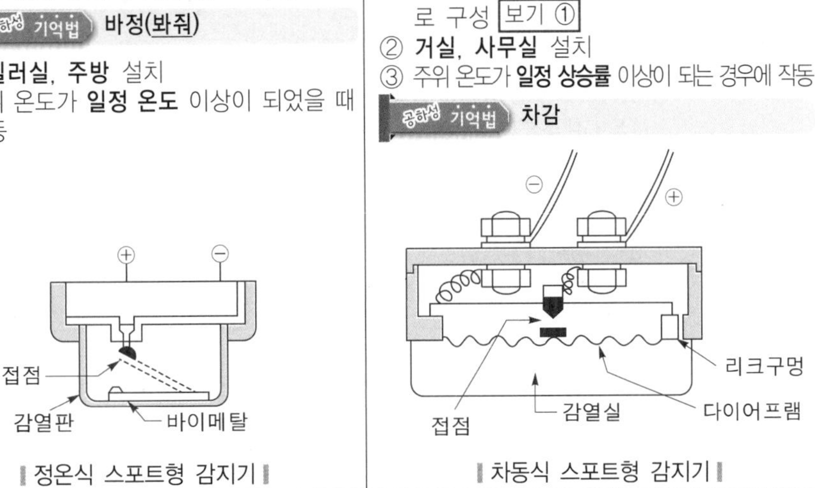

‖ 정온식 스포트형 감지기 ‖ ‖ 차동식 스포트형 감지기 ‖

정답 ①

08 소화용수설비에 대한 설명으로 옳은 것은?

유사문제 21년 문04

교재 P.101

① 화재발생 사실을 통보하는 기계 · 기구 또는 설비
② 화재가 발생할 경우 피난하기 위하여 사용하는 기구 또는 설비
③ 화재를 진압하는 데 필요한 물을 공급하거나 저장하는 설비
④ 화재를 진압하거나 인명구조활동을 위하여 사용하는 설비

소화설비	설 명
경보설비 보기 ①	화재발생 사실을 통보하는 기계 · 기구 또는 설비
피난구조설비 보기 ②	화재가 발생할 경우 피난하기 위하여 사용하는 기구 또는 설비
소화용수설비 보기 ③	화재를 진압하는 데 필요한 물을 공급하거나 저장하는 설비
소화활동설비 보기 ④	화재를 진압하거나 인명구조활동을 위하여 사용하는 설비

정답 ③

09 층수가 17층인 특정소방대상물(아파트 제외)의 소방안전관리대상물로서 옳지 않은 것은?

유사문제 24년 문13

교재 PP.19-21

① 30층 이상(지하층 포함)인 아파트
② 지상으로부터 높이가 120m 이상인 아파트
③ 연면적 15000m^2 이상인 특정소방대상물(아파트 및 연립주택 제외)
④ 가연성 가스를 1000톤 이상 저장 · 취급하는 시설

① 지하층 포함 → 지하층 제외

소방안전관리자 및 소방안전관리보조자를 선임하는 특정소방대상물

소방안전관리대상물	특정소방대상물
특급 소방안전관리대상물 (**동식물원, 철강 등 불연성 물품 저장·취급창고, 지하구, 위험물제조소 등** 제외)	• **50층** 이상(지하층 제외) 또는 지상 **200m** 이상 **아파트** • **30층** 이상(지하층 포함) 또는 지상 **120m** 이상(아파트 제외) • 연면적 **100000m²** 이상(아파트 제외)
1급 소방안전관리대상물 (**동식물원, 철강 등 불연성 물품 저장·취급창고, 지하구, 위험물제조소 등** 제외)	• **30층** 이상(지하층 제외) 또는 지상 **120m** 이상 **아파트** • 연면적 **15000m²** 이상인 것(아파트 및 연립주택 제외) • **11층** 이상(아파트 제외) • 가연성 가스를 **1000톤** 이상 저장·취급하는 시설
2급 소방안전관리대상물	• 지하구 • 가스제조설비를 갖추고 도시가스사업 허가를 받아야 하는 시설 또는 가연성 가스를 **100톤 이상 1000톤** 미만 저장·취급하는 시설 • **스프링클러설비** 또는 **물분무등소화설비** 설치대상물 • **옥내소화전설비** 설치대상물 • 공동주택(옥내소화전설비 또는 스프링클러설비가 설치된 공동주택 한정) • 목조건축물(국보·보물)
3급 소방안전관리대상물	• **자동화재탐지설비** 설치대상물 • 간이스프링클러설비(주택전용 간이스프링클러설비 제외) 설치대상물

• 17층으로서 11층 이상(아파트 제외)이므로 1급 소방안전관리대상물

 ①

10 유도등에 관한 설명으로 옳은 것은?

① 피난구유도등은 바닥으로부터 높이 1.5m 이하에 설치한다.
② 거실통로유도등은 바닥으로부터 높이 1.5m 이상에 설치한다.
③ 복도통로유도등은 바닥으로부터 높이 1.5m 이하에 설치한다.
④ 계단통로유도등은 바닥으로부터 높이 1m 이상에 설치한다.

① 1.5m 이하 → 1.5m 이상
③ 1.5m → 1m
④ 1m 이상 → 1m 이하

유도등의 설치높이

구 분	설치높이
복도통로유도등	바닥으로부터 높이 1m 이하 보기 ③ 공하성 기억법 1복(일복 터졌다.)
피난구유도등	바닥으로부터 높이 1.5m 이상 보기 ① 공하성 기억법 피유15상
계단통로유도등	바닥으로부터 높이 1m 이하 보기 ④
거실통로유도등	바닥으로부터 높이 1.5m 이상 보기 ②

정답 ②

11 어떤 특정소방대상물에 2022년 2월 10일 소방안전관리자로 선임되었다. 실무교육을 언제까지 받아야 하는가?

유사문제 20년 문18
교재 P.30

① 2022년 8월 9일
② 2022년 9월 9일
③ 2023년 2월 10일
④ 2024년 2월 10일

해설 소방안전관리자의 실무교육

실시기관	실무교육주기
한국소방안전원	선임된 날부터 6개월 이내, 그 이후 **2년**마다 **1회**

2022년 2월 10일에 선임되었으므로, 선임한 날(다음 날)부터 6개월 이내인 2022년 8월 9일이 된다.

• **'선임한 날부터'**라는 말은 **'선임한 다음 날부터'**를 의미한다.

비교 실무교육

소방안전 관련업무 종사경력보조자	소방안전관리자 및 소방안전관리보조자
선임된 날로부터 **3개월** 이내, 그 이후 **2년**마다 **1회** 실무교육을 받아야 한다.	선임된 날로부터 **6개월** 이내, 그 이후 **2년**마다 **1회** 실무교육을 받아야 한다.

정답 ①

12 ABC급 적응화재의 소화약제 주성분으로 옳은 것은?

유사문제 23년 문15 23년 문47 21년 문09
교재 P.103

① 탄산수소나트륨
② 탄산수소칼륨
③ 제1인산암모늄
④ 요소

해설 **분말소화기의 소화약제 및 적응화재**

적응화재	소화약제의 주성분	소화효과
BC급	탄산수소나트륨($NaHCO_3$)	• 질식효과 • 부촉매(억제)효과
	탄산수소칼륨($KHCO_3$)	
ABC급 보기 ③	제1인산암모늄($NH_4H_2PO_4$)	
BC급	탄산수소칼륨($KHCO_3$)+요소($(NH_2)_2CO$)	

정답 ③

13 **2만m^2 특정소방대상물의 소방안전관리자 선임자격이 없는 사람은? (단, 해당 소방안전관리자 자격증을 받은 사람이다.)**

유사문제 24년 문09 23년 문19 22년 문23 21년 문06 20년 문21

교재 P.20

① 소방설비기사의 자격이 있는 사람
② 소방설비산업기사의 자격이 있는 사람
③ 소방공무원으로서 7년 이상 근무한 경력이 있는 사람
④ 위험물기능사의 자격이 있는 사람

해설 ④ 2급 소방안전관리자 선임조건

1급 소방안전관리대상물

(1) 소방안전관리자 및 소방안전관리보조자를 선임하는 특정소방대상물

소방안전관리대상물	특정소방대상물
1급 소방안전관리대상물 (**동식물원, 철강 등 불연성 물품 저장·취급창고, 지하구, 위험물제조소 등** 제외)	• **30층** 이상(지하층 제외) 또는 지상 **120m** 이상 **아파트** • 연면적 **15000m^2** 이상인 것(아파트 제외) • **11층** 이상(아파트 및 연립주택 제외) • 가연성 가스를 **1000톤** 이상 저장·취급하는 시설

(2) 1급 소방안전관리대상물의 소방안전관리자 선임조건

자 격	경 력	비 고
• 소방설비기사 • 소방설비산업기사	경력 필요 없음	1급 소방안전관리자 자격증을 받은 사람
• 소방공무원	7년	
• 소방청장이 실시하는 1급 소방안전관리대상물의 소방안전관리에 관한 시험에 합격한 사람	경력 필요 없음	
• 특급 소방안전관리대상물의 소방안전관리자 자격이 인정되는 사람		

정답 ④

기출문제 2024

★★★

14 방염성능기준을 적용하지 않아도 되는 곳은?

유사문제 22년 문08, 21년 문08, 21년 문23, 21년 문17

① 60층 아파트
② 체력단련장
③ 숙박시설
④ 노유자시설

교재 PP.36-37

해설

① 아파트 제외

방염성능기준 이상 적용 특정소방대상물

① 체력단련장, 공연장 및 종교집회장 보기 ②
② 문화 및 집회시설
③ 종교시설
④ 운동시설(수영장은 제외)
⑤ 의원, 조산원, 산후조리원
⑥ 의료시설(요양병원 등)
⑦ 합숙소
⑧ 노유자시설 보기 ④
⑨ 숙박이 가능한 수련시설
⑩ 숙박시설 보기 ③
⑪ 방송국 및 촬영소
⑫ 다중이용업소(단란주점영업, 유흥주점영업, 노래연습장업의 영업장 등)
⑬ 층수가 **11층 이상**인 것(아파트 제외) 보기 ①

정답 ①

★★★

15 물을 이용한 소화방법으로 열을 뺏어 착화온도를 낮추는 방법은?

유사문제 22년 문32, 20년 문01

① 냉각소화
② 질식소화
③ 제거소화
④ 억제소화

교재 PP.63-64

해설 **소화방법**

제거소화	질식소화	냉각소화	억제소화
• 연소반응에 관계된 가연물이나 그 주위의 가연물을 제거함으로써 연소반응을 중지시켜 소화하는 방법 • 가스밸브의 **폐쇄** • 가연물 직접 **제거** 및 **파괴** • **촛불**을 입으로 불어 가연성 증기를 순간적으로 날려 보내는 방법 • 산불화재시 진행방향의 나무 **제거**	• 산소(공급원)를 차단하여 소화하는 방법 • 불연성 기체로 연소물을 덮는 방법 • 불연성 포로 연소물을 덮는 방법 • 불연성 고체로 연소물을 덮는 방법	• 연소하고 있는 가연물로부터 열을 빼앗아 연소물을 착화온도 이하로 내리는 것 보기 ① • **주수**에 의한 냉각작용 • **이산화탄소**소화약제에 의한 냉각작용	• 연쇄반응을 약화시켜 연소가 계속되는 것을 불가능하게 하여 소화하는 것 • 화학적 작용에 의한 소화방법

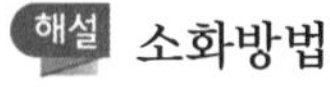

정답 ①

16 다음 중 화재안전조사를 실시할 수 있는 경우가 아닌 것은?

교재 P.16

① 화재가 자주 발생하였거나 발생할 우려가 뚜렷한 곳에 대한 조사가 필요한 경우
② 재난예측정보, 기상예보 등을 분석한 결과 소방대상물에 화재 발생 위험이 크다고 판단되는 경우
③ 화재, 그 밖의 긴급한 상황이 발생할 경우 인명 또는 재산 피해의 우려가 현저히 낮다고 판단되는 경우
④ 자체점검이 불성실하거나 불완전하다고 인정되는 경우

해설

③ 현저히 낮다고 → 현저하다고

화재안전조사를 실시할 수 있는 경우

(1) 자체점검이 불성실하거나 불완전하다고 인정되는 경우
(2) 화재예방강화지구 등 법령에서 화재안전조사를 하도록 규정되어 있는 경우
(3) 화재예방안전진단이 불성실하거나 불완전하다고 인정되는 경우
(4) 국가적 행사 등 주요 행사가 개최되는 장소 및 그 주변의 관계 지역에 대하여 소방안전관리실태를 조사할 필요가 있는 경우
(5) 화재가 자주 발생하였거나 발생할 우려가 뚜렷한 곳에 대한 조사가 필요한 경우
(6) 재난예측정보, 기상예보 등을 분석한 결과 소방대상물에 화재 발생 위험이 크다고 판단되는 경우
(7) 화재, 그 밖의 긴급한 상황이 발생할 경우 인명 또는 재산 피해의 우려가 현저하다고 판단되는 경우

정답 ③

17 탐지기의 설치위치로 옳은 것은? (단, 가스는 LNG이다.)

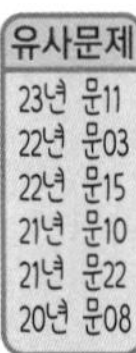

유사문제 23년 문11 22년 문03 22년 문15 21년 문10 21년 문22 20년 문08

① 상단은 바닥면의 상방 30cm 이내에 설치
② 하단은 바닥면의 상방 30cm 이내에 설치
③ 상단은 천장면의 하방 30cm 이내에 설치
④ 하단은 천장면의 하방 30cm 이내에 설치

교재 PP.90-92

해설 LPG vs LNG

구 분	LPG	LNG
증기비중	1보다 큰 가스	1보다 작은 가스
비 중	1.5~2	0.6
탐지기의 위치	탐지기의 **상단**은 **바닥면**의 **상방 30cm** 이내에 설치	탐지기의 **하단**은 **천장면**의 **하방 30cm** 이내에 설치 보기 ④

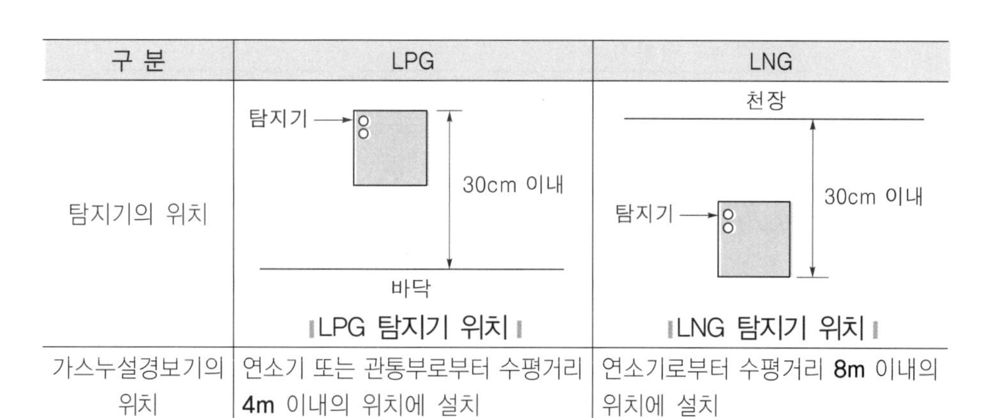

구 분	LPG	LNG
탐지기의 위치	탐지기 / 30cm 이내 / 바닥 **LPG 탐지기 위치**	천장 / 탐지기 / 30cm 이내 **LNG 탐지기 위치**
가스누설경보기의 위치	연소기 또는 관통부로부터 수평거리 **4m** 이내의 위치에 설치	연소기로부터 수평거리 **8m** 이내의 위치에 설치

정답 ④

★★★
18 한국소방안전원의 업무내용이 아닌 것은?

유사문제 23년 문02 / 21년 문13 / 20년 문11 / 20년 문19
교재 P.13

① 소방기술과 안전관리에 관한 교육 및 조사 · 연구
② 소방관계인의 기술향상
③ 소방안전에 관한 국제협력
④ 소방기술과 안전관리에 관한 각종 간행물 발간

해설

② 해당없음

한국소방안전원의 업무

(1) 소방기술과 안전관리에 관한 **교육** 및 **조사 · 연구** 보기 ①
(2) 소방기술과 안전관리에 관한 각종 **간행물 발간** 보기 ④
(3) 화재예방과 안전관리의식 고취를 위한 **대국민 홍보**
(4) 소방업무에 관하여 **행정기관**이 **위탁**하는 업무
(5) 소방안전에 관한 **국제협력** 보기 ③
(6) **회원**에 대한 **기술지원** 등 정관으로 정하는 사항

정답 ②

★★
19 건물화재성상 중 최성기상태에서 나타나는 현상으로 옳지 않은 것은?

유사문제 22년 문17 / 22년 문30 / 22년 문31 / 21년 문25
교재 P.60

① 내화구조의 경우 20~30분이 되면 최성기에 이르며 실내온도는 통상 800~1050℃에 달한다.
② 목조건물은 최성기까지 약 10분이 소요되며 실내온도는 1100~1350℃에 달한다.
③ 실내 전체에 화염이 충만해진다.
④ 실내 전체가 화염에 휩싸이는 플래시오버상태로 된다.

해설

④ 성장기

성장기 vs 최성기

성장기	최성기
• 실내 **전**체가 **화**염에 휩싸이는 **플**래시오버 상태 보기 ④ 공하성 기억법 성전화플(화플! 와플!)	• 내화구조 : **20~30분**이 되면 최성기에 이르며, 실내온도는 **800~1050℃에 달함** 보기 ① • 목조건물 : 최성기까지 약 **10분**이 소요되며 실내온도는 1100~1350℃에 달함 보기 ② • 실내 전체에 **화염**이 충만해짐 보기 ③

정답 ④

20 방염처리물품의 성능검사를 할 때 선처리물품 실시기관으로 옳은 것은?

유사문제 23년 문14
교재 PP.37-38

① 한국소방산업기술원 ② 한국소방안전원
③ 시 · 도지사 ④ 관할소방서장

해설 방염처리물품의 성능검사

구 분	선처리물품	현장처리물품
실시기관	한국소방산업기술원	시 · 도지사(관할소방서장)

정답 ①

21 제4류 위험물의 일반적인 특성이 아닌 것은?

유사문제 20년 문25
교재 P.86

① 인화가 용이하다.
② 대부분 물보다 가볍고, 증기는 공기보다 무겁다.
③ 주수소화 불가능한 것이 대부분이다.
④ 착화온도가 높은 것은 위험하다.

해설 ④ 높은 것 → 낮은 것

제4류 위험물의 일반적인 특성
(1) 인화가 용이하다. 보기 ①
(2) 대부분 물보다 가볍다. 보기 ②
(3) 대부분의 증기는 **공기보다 무겁다.** 보기 ②
(4) 주수소화가 불가능한 것이 대부분이다. 보기 ③
(5) 착화온도가 낮은 것은 위험하다. 보기 ④
높은 것 ×

정답 ④

22 다음 중 소방안전관리자의 업무가 아닌 것은?

교재 P.27

① 소방계획서의 작성 및 시행(대통령령으로 정하는 사항 포함)
② 피난시설, 방화구획 및 방화시설의 관리
③ 위험물취급의 감독
④ 소방시설, 그 밖의 소방관련시설의 관리

해설

③ 위험물취급 → 화기취급

소방안전관리자의 업무(소방안전관리대상물)

(1) 피난시설·방화구획 및 방화시설의 관리 보기 ②
(2) 소방시설, 그 밖의 소방관련시설의 관리 보기 ④
(3) **화기취급**의 감독
(4) 소방안전관리에 필요한 업무
(5) **소방계획서**의 작성 및 시행(대통령령으로 정하는 사항 포함) 보기 ①
(6) **자위소방대** 및 **초기대응체계**의 구성·운영·교육
(7) 소방훈련 및 교육
(8) 소방안전관리에 관한 업무수행에 관한 기록·유지
(9) 화재발생시 초기대응

정답 ③

23 어떤 건축물의 바닥면적이 각각 1층 $700m^2$, 2층 $600m^2$, 3층 $300m^2$, 4층 $200m^2$이다. 이 건축물의 최소 경계구역수는?

유사문제 23년 문24

교재 P.127

① 3개 ② 4개
③ 5개 ④ 6개

해설 경계구역수

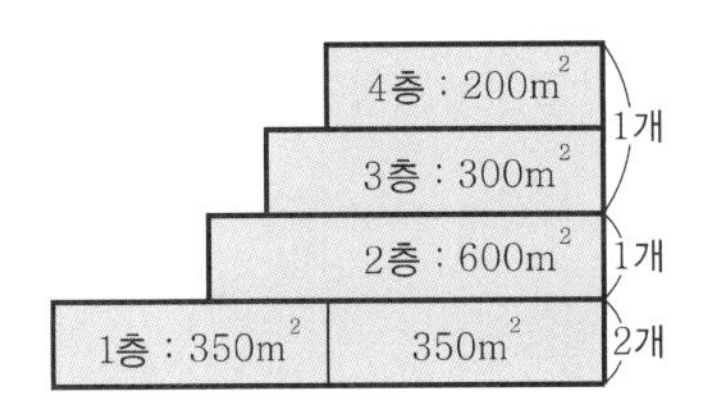

(1) 1경계구역의 면적은 **$600m^2$** 이하로 하여야 하므로 바닥면적을 **$600m^2$**로 나누어 주면 된다.

① 1층 : $\dfrac{700m^2}{600m^2} = 1.1 \fallingdotseq 2$개(소수점 올림)

② 2층 : $\dfrac{600m^2}{600m^2} = 1$개

(2) $500m^2$ 이하는 2개층을 1경계구역으로 할 수 있으므로 2개층의 합이 $500m^2$ 이하일 때는 **$500m^2$**로 나누어주면 된다.

3~4층 : $\dfrac{(300+200)m^2}{500m^2} = 1$개

∴ 2개+1개+1개=4개

정답 ②

★

24 피난구조설비로만 짝지어진 것 중 옳은 것은?

유사문제 22년 문07

교재 P.100

① 유도등, 누전경보기
② 피난기구, 비상조명등
③ 시각경보기, 인명구조기구
④ 제연설비, 연소방지설비

해설

① 누전경보기 - 경보설비
③ 시각경보기 - 경보설비
④ 제연설비, 연소방지설비 - 소화활동설비

피난구조설비

(1) 피난기구 보기 ②

① **피**난사다리
② **구**조대
③ **완**강기
④ 간이완강기
⑤ 미끄럼대
⑥ 다수인 피난장비
⑦ 승강식 피난기

공하성 기억법 **피구완**

(2) 인명구조기구

① **방열**복
② **방**화복(안전모, 보호장갑, 안전화 포함)
③ **공**기호흡기
④ **인**공소생기

공하성 기억법 **방열공인**

(3) 유도등・유도표지
(4) 비상조명등・휴대용 비상조명등 보기 ②
(5) 피난유도선

정답 ②

★★

25 화재의 분류 및 종류에 대한 설명으로 옳지 않은 것은?

유사문제 23년 문07 22년 문08 21년 문33 20년 문10

교재 PP.58-59

① 일반화재－일반가연물－A급
② 유류화재－인화성 액체－B급
③ 가스화재－등유－C급
④ 주방화재－식용유－K급

해설

③ 전기화재－전류가 흐르고 있는 전기기기－C급

화재의 분류

종 류	적응물질	소화약제
일반화재(A급)	• 일반가연물(폴리에틸렌 등) • 종이 • 목재, 면화류, 석탄 • **재를 남김**	① 물 ② 수용액
유류화재(B급)	• 유류 • 알코올 • **재를 남기지 않음**	① 포(폼)
전기화재(C급)	• 변압기 • 배전반 • 전류가 흐르고 있는 전기기기	① 이산화탄소 ② 분말소화약제 ③ 주수소화 금지
금속화재(D급)	• 가연성 금속류(나트륨, 알루미늄 등)	① 금속화재용 분말소화약제 ② 건조사(마른 모래)
주방화재(K급)	• 식용유 • 동·식물성 유지	① 강화액

정답 ③

제 2 과목

26 그림의 수신기에 대하여 올바르게 이해하고 있는 사람은?

유사문제 24년 문37 24년 문50 22년 문47 21년 문37
교재 P.144

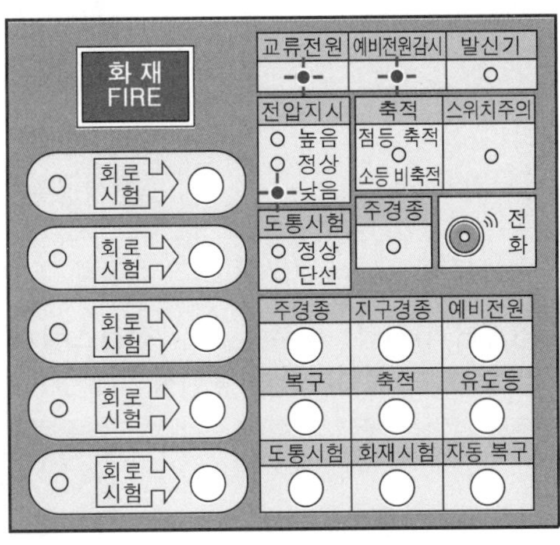

① 김씨 : 현재 전력은 안정적으로 공급되고 있네요.
② 이씨 : 전력공급이 불안정할 때는 예비전원스위치를 눌러서 전원을 공급해야 해.
③ 박씨 : 예비전원 배터리에 문제가 있을 것으로 예상되므로 예비전원을 교체해야 해.
④ 최씨 : 정전, 화재 등 비상시 소방설비가 정상적으로 작동될 거야.

해설

① 안정 → 불안정
전압지시가 **낮음**으로 표시되어 있으므로 전력이 **불안정**

전압지시
○ 높음
○ 정상
● 낮음

② 예비전원스위치는 예비전원 이상 유무를 확인하는 버튼으로 전원을 공급하지는 않는다.
③ 예비전원감시램프가 점등되어 있으므로 예비전원배터리가 문제있다는 뜻임

예비전원감시
●

④ 예비전원감시 : **점등**되어 있으므로 예비전원이 불량이자 소방설비가 작동되지 않을 가능성이 높다.

정답 ③

★★★
27 다음 사진은 유도등의 점검내용 중 어떤 점검에 해당되는가?

유사문제 21년 문18
교재 P.161

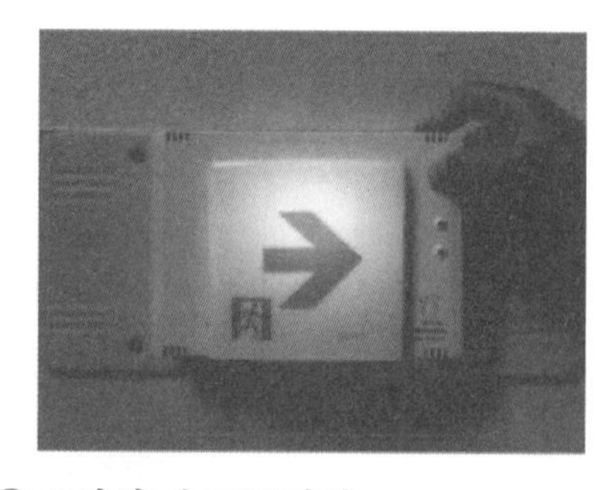

① 예비전원(배터리)점검 ② 3선식 유도등점검
③ 2선식 유도등점검 ④ 상용전원점검

해설

① 예비전원(배터리)점검 : 당기거나 눌러서 점검

(1) **예비전원(배터리)점검 : 외부에 있는 점검스위치**(배터리상태 점검스위치)를 **당겨보는 방법** 또는 **점검버튼**을 눌러서 점등상태 확인

‖ 예비전원점검스위치 ‖

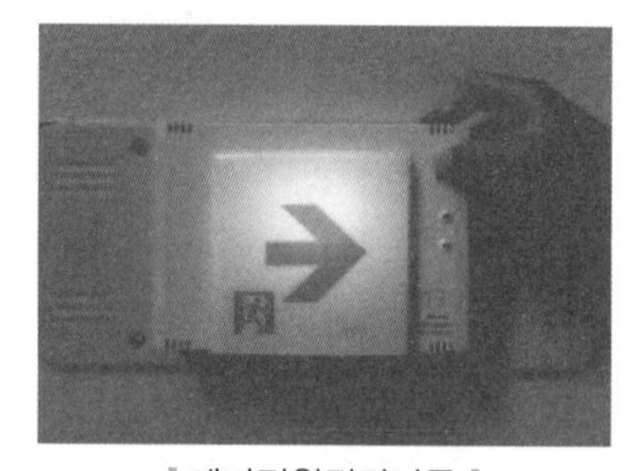

‖ 예비전원점검버튼 ‖

(2) **2선식** 유도등점검 : 유도등이 **평상시 점등**되어 있는지 확인

‖평상시 점등이면 정상‖

‖평상시 소등이면 비정상‖

(3) **3선식** 유도등점검

① 수동전환 : 수신기에서 수동으로 점등스위치를 ON하고 건물 내의 점등이 안 되는 유도등을 확인

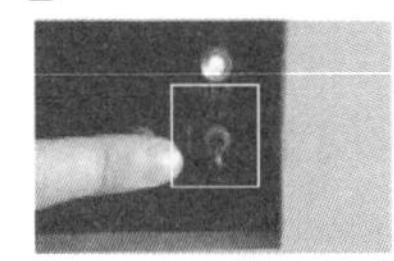

‖유도등 절환스위치 수동전환‖

➡

‖유도등 점등 확인‖

② 연동(자동)전환 : 감지기 · 발신기 · 중계기 · 스프링클러설비 등을 현장에서 작동(동작)과 동시에 유도등이 점등되는지를 확인

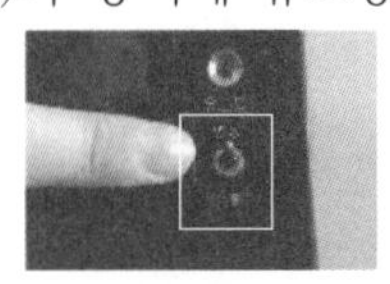

‖유도등 절환스위치 연동(자동)전환‖

➡

‖감지기, 발신기 동작‖

➡

‖유도등 점등 확인‖

정답 ①

★★★

28 다음 중 응급처치의 중요성으로 옳지 않은 것은?

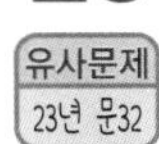

① 긴급한 환자의 생명 유지
② 환자의 고통을 경감
③ 위급한 부상부위의 응급처치로 치료기간을 단축
④ 병원 내의 처치 원활화로 의료비 절감

④ 병원 내의 처치 → 현장처치

응급처치의 중요성

(1) 긴급한 환자의 생명 유지 보기 ①
(2) 환자의 고통을 경감 보기 ②
(3) 위급한 부상부위의 응급처치로 치료기간을 단축 보기 ③
(4) 현장처치 원활화로 의료비 절감 보기 ④

정답 ④

★★★
29 다음 중 그림 A~C에 대한 설명으로 옳지 않은 것은?

유사문제 24년 문36 24년 문47

교재 P.142

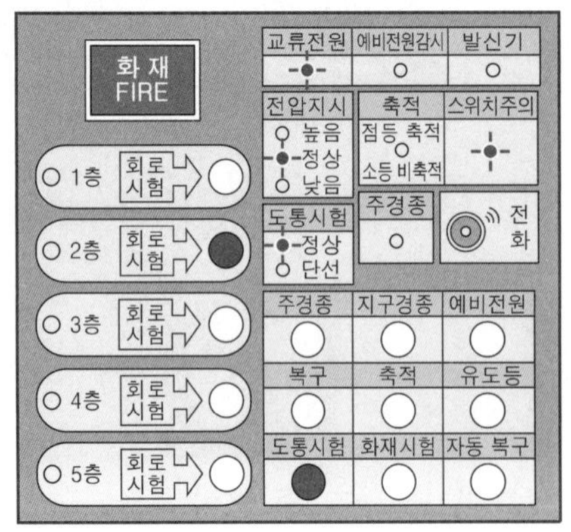

‖그림 A‖

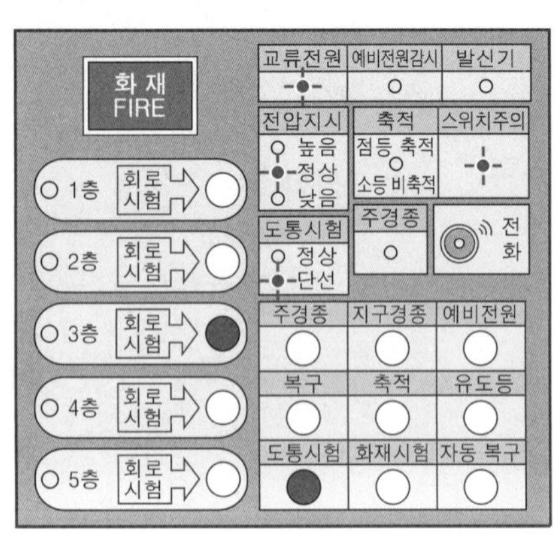

‖그림 B‖

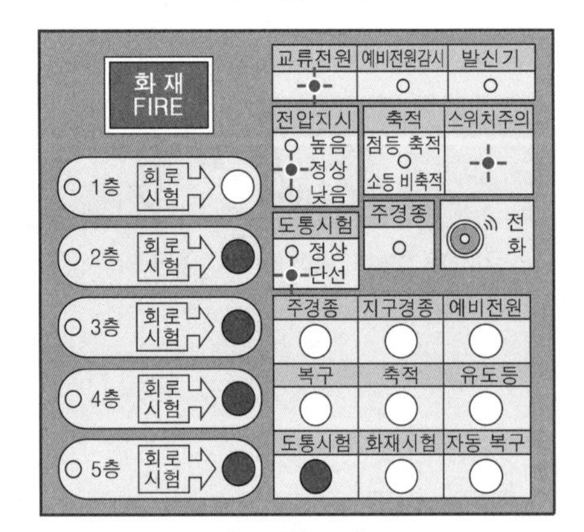

‖그림 C‖

① 그림 A를 봤을 때 2층의 도통시험 결과가 정상임을 알 수 있다.
② 그림 A를 봤을 때 스위치 주의표시등이 점등된 것은 정상이다.
③ 그림 B를 봤을 때 3층의 도통시험 결과 단선임을 알 수 있다.
④ 그림 C를 봤을 때 모든 경계구역은 단선이다.

해설

① 그림 A : 2층 지구표시등이 점등되어 있고, 도통시험 정상램프가 점등되어 있으므로 옳다. (○)

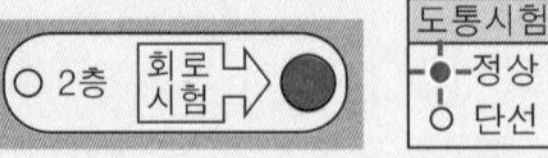

② 그림 A : 도통시험스위치가 눌러져 있으므로 스위치주의표시등이 점등되는 것은 정상이므로 옳다. (○)

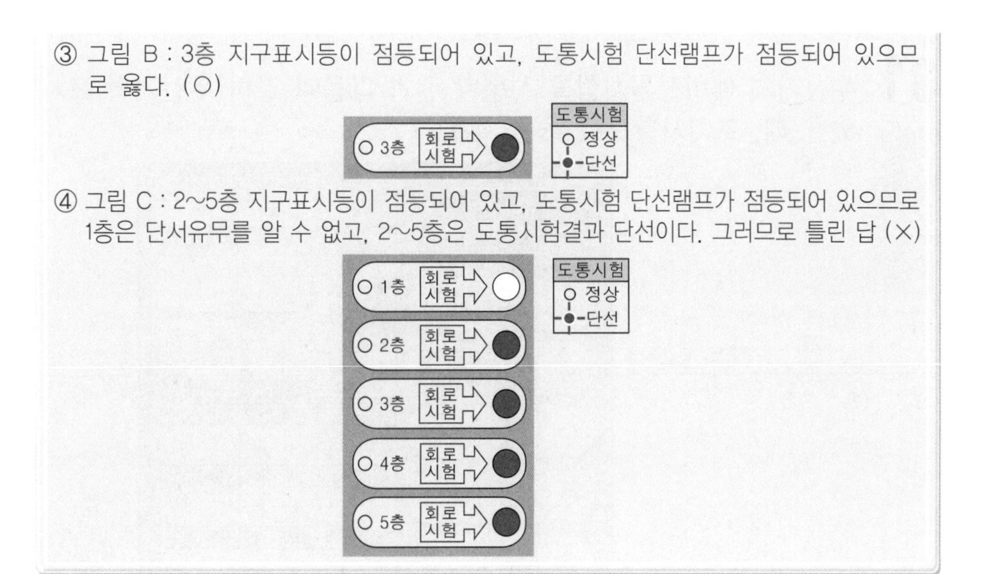

③ 그림 B : 3층 지구표시등이 점등되어 있고, 도통시험 단선램프가 점등되어 있으므로 옳다. (O)

④ 그림 C : 2~5층 지구표시등이 점등되어 있고, 도통시험 단선램프가 점등되어 있으므로 1층은 단서유무를 알 수 없고, 2~5층은 도통시험결과 단선이다. 그러므로 틀린 답 (×)

정답 ④

★★★

30

유사문제 22년 문33

교재 P.170

소방계획의 수립절차는 1단계(사전기획), 2단계(위험환경 분석), 3단계(설계 · 개발) 및 4단계(시행 · 유지관리)로 구성된다. 다음 2단계(위험환경 분석)에 대한 내용에 해당되는 것을 모두 고른 것은?

㉠ 위험환경 식별　　　㉡ 위험환경 분석/평가
㉢ 위험환경 목표/전략 수립　　　㉣ 위험환경 경감대책 수립

① ㉠, ㉣　　　② ㉡, ㉢, ㉣
③ ㉠, ㉡, ㉣　　　④ ㉠, ㉡, ㉢, ㉣

해설

㉢ 3단계(설계/개발)

소방계획의 수립절차 요약

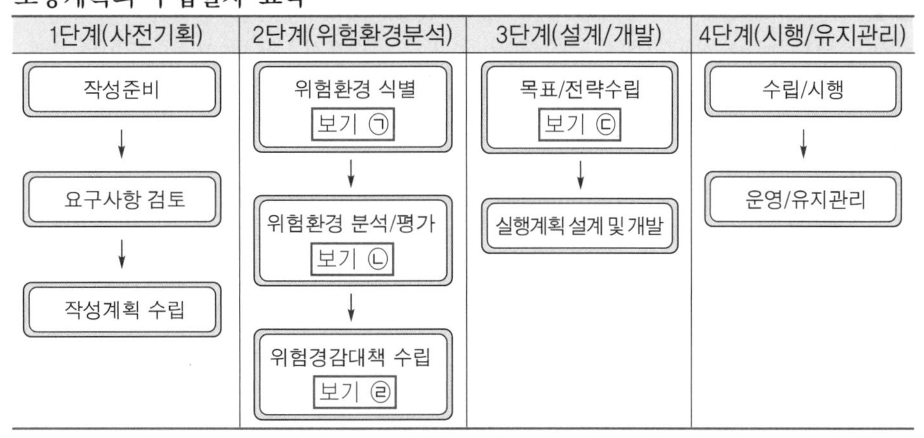

1단계(사전기획)	2단계(위험환경분석)	3단계(설계/개발)	4단계(시행/유지관리)
작성준비	위험환경 식별 보기 ㉠	목표/전략수립 보기 ㉢	수립/시행
↓	↓	↓	↓
요구사항 검토	위험환경 분석/평가 보기 ㉡	실행계획 설계 및 개발	운영/유지관리
↓	↓		
작성계획 수립	위험경감대책 수립 보기 ㉣		

정답 ③

★★★
31 수신기의 예비전원시험을 진행한 결과 다음과 같이 수신기의 표시등이 점등되었을 때, 조치사항으로 옳은 것은?

유사문제
23년 문34
22년 문28
21년 문32

교재
PP.138
-144

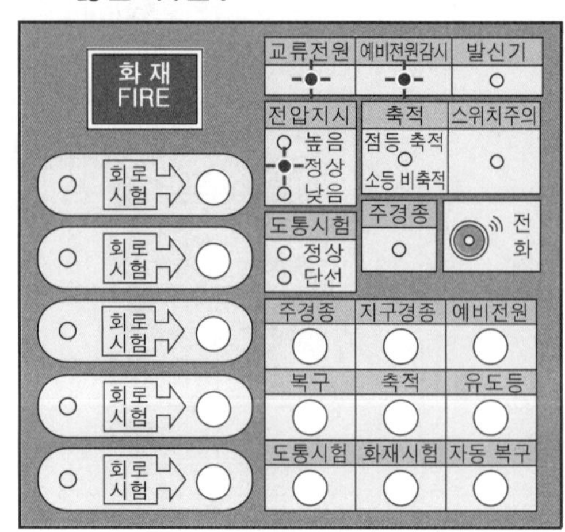

① 축적스위치를 누름
② 복구스위치를 누름
③ 예비전원 시험스위치 불량 여부 확인
④ 예비전원 불량 여부 확인

해설

④ 예비전원감시램프가 점등되어 있으므로 예비전원 불량 여부를 확인해야 한다.

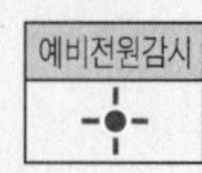

정답 ④

★
32 소방계획의 주요 내용으로 옳지 않은 것은?

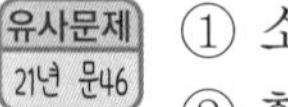
유사문제
21년 문46

교재
PP.167
-168

① 소방안전관리대상물의 위치 · 구조 · 연면적 · 용도 및 수용인원 등 일반현황
② 화재예방을 위한 자체점검계획 및 대응대책
③ 소방훈련 및 교육에 관한 계획
④ 화재안전조사에 관한 사항

해설 **소방계획에 포함되어야 할 사항**

(1) 소방안전관리대상물의 **위치 · 구조 · 연면적 · 용도 · 수용인원** 등 **일반현황** 보기 ①
(2) 소방안전관리대상물에 설치한 **소방시설 · 방화시설, 전기시설 · 가스시설 · 위험물시설**의 현황
(3) 화재예방을 위한 **자체점검계획** 및 **대응대책** 보기 ②
(4) **소방시설 · 피난시설 · 방화시설**의 점검 · 정비계획

(5) 피난층 및 피난시설의 위치와 피난경로의 설정, 화재안전취약자의 피난계획 등을 포함한 **피난계획**
(6) 방화구획 · 제연구획 · 건축물의 내부마감재료 및 방염물품의 사용현황과 그 밖의 **방화구조** 및 **설비의 유지 · 관리계획**
(7) **소방훈련** 및 **교육**에 관한 계획 보기 ③
(8) 소방안전관리대상물의 근무자 및 거주자의 **자위소방대 조직**과 대원의 임무에 관한 사항
(9) 화기취급작업에 대한 사전안전조치 및 감독 등 공사 중의 **소방안전관리**에 관한 **사항**
(10) 관리의 권원이 분리된 특정소방대상물의 **소방안전관리**에 관한 사항
(11) **소화** 및 **연소방지**에 관한 사항
(12) **위험물**의 **저장 · 취급**에 관한 사항
(13) 소방안전관리에 대한 업무수행에 관한 기록 및 유지에 관한 사항
(14) 화재발생시 화재경보, 초기소화 및 피난유도 등 초기대응에 관한 사항
(15) **소방본부장** 또는 **소방서장**이 소방안전관리대상물의 위치 · 구조 · 설비 또는 관리상황 등을 고려하여 소방안전관리에 필요하여 요청하는 사항

정답 ④

★★★
33 옥내소화전 방수압력시험에 필요한 장비로 옳은 것은?

유사문제 23년 문39 22년 문48 20년 문35
실무교재 P.82

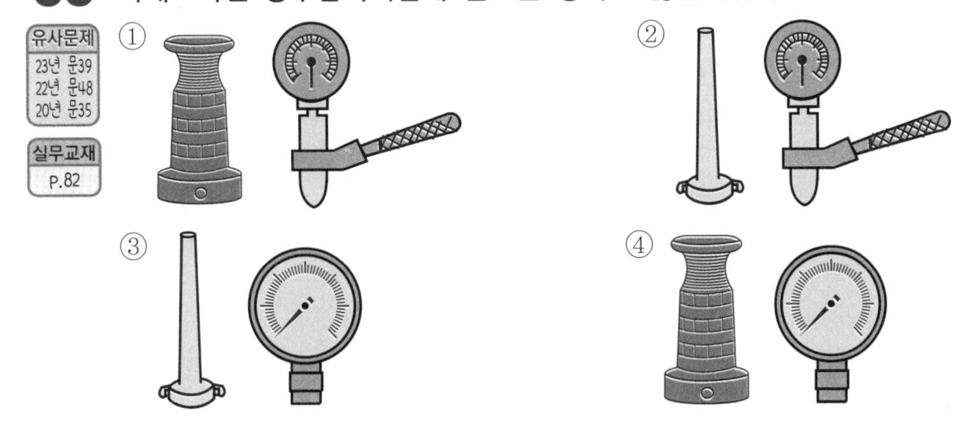

해설 **옥내소화전 방수압력 측정**

(1) 측정장치 : 방수압력측정계(피토게이지)

(2)

방수량	방수압력
130L/min	0.17~0.7MPa 이하

(3) 방수압력 측정방법 : 방수구에 호스를 결속한 상태로 노즐의 선단에 방수압력측정계(피토게이지)를 근접$\left(\frac{D}{2}\right)$시켜서 측정하고 방수압력측정계의 압력계상의 눈금을 확인한다.

▮방수압력 측정▮

정답 ②

34 초기대응체계의 인원편성에 관한 사항으로 틀린 것은?

① 휴일 및 야간에 무인경비시스템을 통해 감시하는 경우 무인경비회사와 비상연락체계를 구축할 수 있다.

② 소방안전관리보조자를 운영책임자로 지정한다.

③ 소방안전관리대상물의 근무자의 근무위치, 근무인원 등을 고려하여 편성한다.

④ 초기대응체계편성시 2명 이상은 수신반(또는 종합방재실)에 근무해야 한다.

④ 2명 → 1명

초기대응체계의 인원편성

(1) 소방안전관리보조자, 경비(보안)근무자 또는 대상물관리인 등 **상시근무자**를 **중심**으로 구성한다.

(2) 소방안전관리대상물의 근무자의 **근무위치**, **근무인원** 등을 고려하여 편성한다. 이 경우 소방안전관리보조자(보조자가 없는 대상처는 선임대원)를 운영책임자로 지정한다. 보기 ② ③

(3) 초기대응체계 편성시 **1명** 이상은 수신반(또는 종합방재실)에 근무해야 하며 화재상황에 대한 모니터링 또는 지휘통제가 가능해야 한다. 보기 ④

(4) **휴일** 및 **야간**에 **무인경비시스템**을 통해 감시하는 경우에는 무인경비회사와 비상연락체계를 구축할 수 있다. 보기 ①

정답 ④

35 건물 내 2F에서 발신기 오작동이 발생하였다. 수신기의 상태로 볼 수 있는 것으로 옳은 것은? (단, 건물은 직상 4개층 경보방식이다.)

유사문제 22년 문47 20년 문32 20년 문46

교재 P.140

① 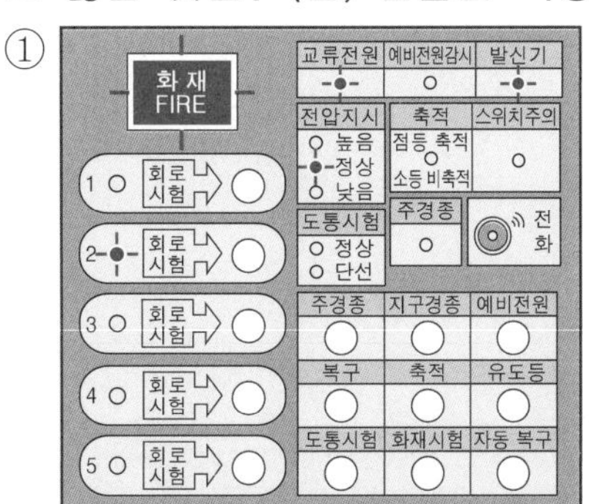

② 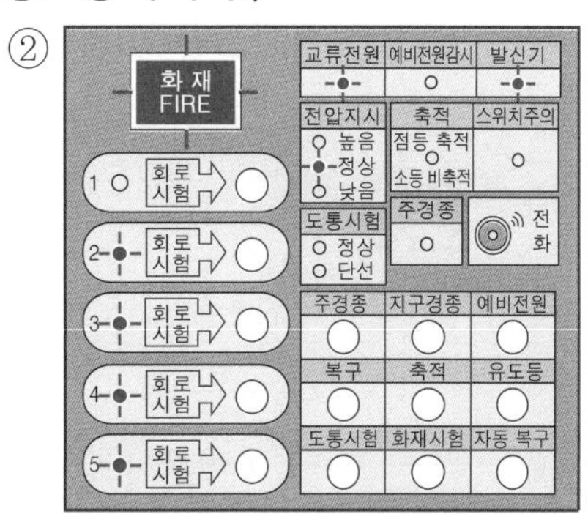

③ 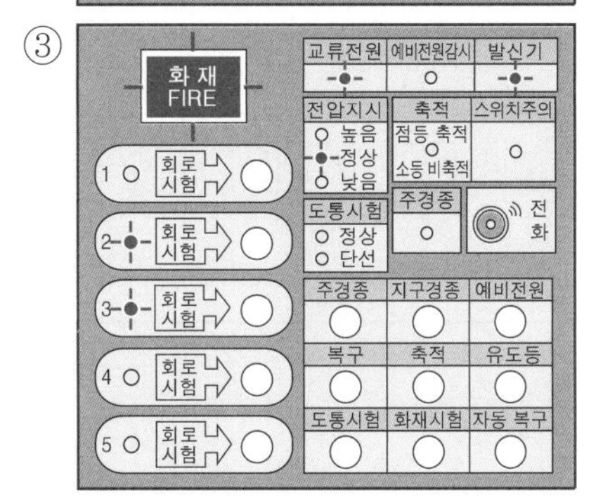

④ 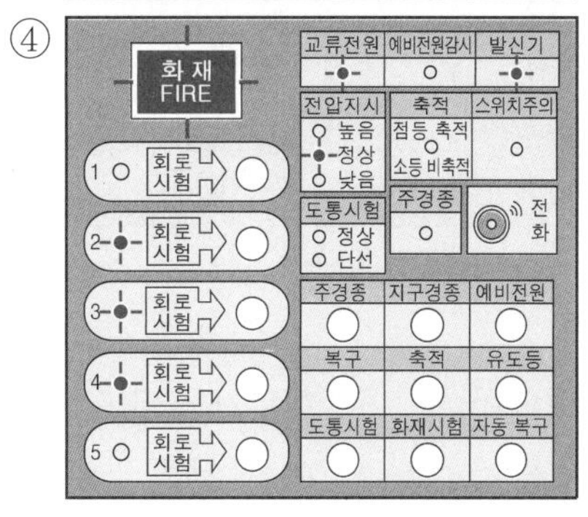

해설

2F(2층)에서 발신기 오작동이 발생하였으므로 2층이 발화층이 되고 **지구표시등**은 **2층**에만 점등된다. 경보층은 발화층 (2층), 직상 4개층(3~6층)이므로 경종은 2~6층이 울린다.

자동화재탐지설비의 직상 4개층 우선경보방식 적용대상물

11층(공동주택 16층) 이상의 특정소방대상물의 경보

‖ 자동화재탐지설비 직상 4개층 우선경보방식 ‖

발화층	경보층	
	11층(공동주택 16층) 미만	11층(공동주택 16층) 이상
2층 이상 발화 →	전층 일제경보	• 발화층 • 직상 4개층
1층 발화		• 발화층 • 직상 4개층 • 지하층
지하층 발화		• 발화층 • 직상층 • 기타의 지하층

정답 ①

36 그림은 P형 수신기의 도통시험을 위하여 도통시험 버튼 및 회로 3번 시험버튼을 누른 모습이다. 점검표 작성 내용으로 옳은 것은? (단, 회로 1, 2, 4, 5번의 점검결과는 회로 3번 결과와 동일하다.)

유사문제 24년 문29 24년 문47

교재 P.142

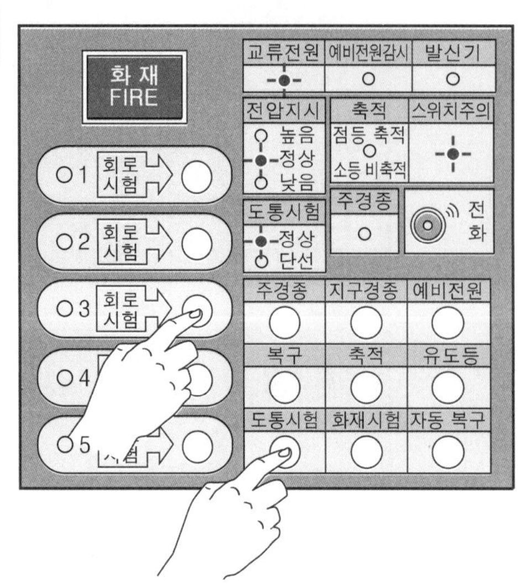

점검항목	점검내용	점검결과	
		결 과	불량내용
수신기 도통시험	회로단선 여부	㉠	㉡

① ㉠ ×, ㉡ 회로 1, 2번의 단선 여부를 확인할 수 없음
② ㉠ ○, ㉡ 이상 없음
③ ㉠ ×, ㉡ 1번 회로 단선
④ ㉠ ○, ㉡ 회로 3번은 정상, 나머지 회선은 단선

해설

도통시험 정상램프가 점등되어 있으므로 회로단선 여부는 ○이고, 불량내용은 이상 없음

도통시험
-●-정상
○ 단선

정답 ②

★★
37 그림은 자동화재탐지설비 수신기의 작동 상태를 나타낸 것이다. 보기 중 옳은 것을 있는 대로 고른 것은?

유사문제
24년 문26
24년 문50
22년 문47
21년 문37

교재
P.140

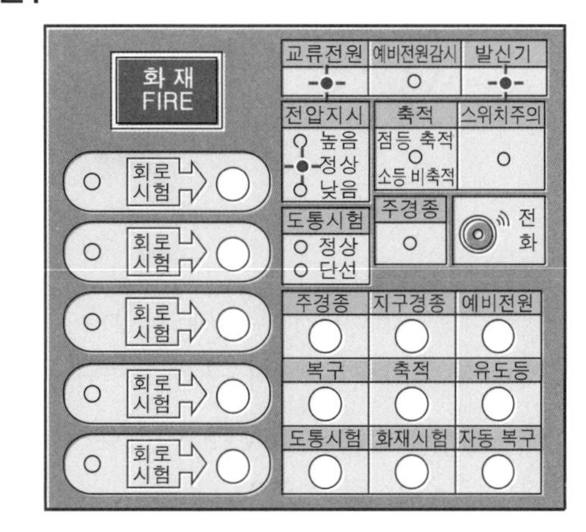

㉠ 도통시험을 실시하고 있으며 좌측 구역은 단선이다.
㉡ 화재통보기기는 발신기이다.
㉢ 스위치주의등이 점멸되지 않는 것은 조작스위치가 눌려져 작동된 상태를 나타낸다.
㉣ 수신기의 전원상태는 이상이 없다.

① ㉠, ㉡
② ㉡, ㉢
③ ㉢, ㉣
④ ㉡, ㉣

해설

㉠ 도통시험램프가 점등되어 있지 않으므로 도통시험을 실시하는 것이 아님

㉡ 발신기램프가 점등되어 있으므로 화재통보기기는 발신기이다.

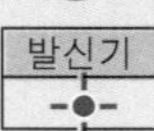

㉢ 점멸되지 않는 것은 → 점멸되는 것은

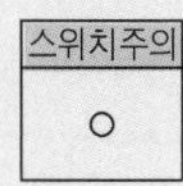

㉣ 전압지시 정상램프가 점등되어 있으므로 수신기의 전원상태는 이상이 없다.

 정답 ④

38 다음 중 옥내소화전설비의 방수압력 측정조건 및 방법으로 옳은 것은?

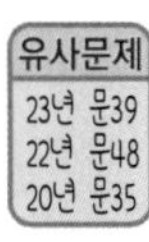
유사문제
23년 문39
22년 문48
20년 문35

실무교재
p.82

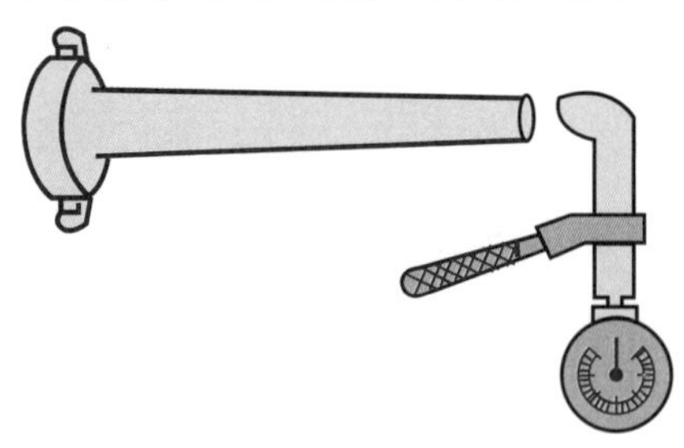

① 반드시 방사형 관창을 이용하여 측정해야 한다.
② 방수압력측정계는 노즐의 선단에서 근접$\left(\text{노즐구경의 } \frac{1}{2}\right)$하여 측정한다.
③ 방수압력 측정시 정상압력은 0.15MPa 이하로 측정되어야 한다.
④ 방수압력측정계로 측정할 경우 물이 나가는 방향과 방수압력측정계의 각도는 상관없다.

해설

① 방사형 → 직사형
③ 0.15MPa 이하 → 0.17~0.7MPa 이하
④ 상관없다. → 직각으로 해야 한다.

옥내소화전 방수압력 측정

(1) 측정장치 : 방수압력측정계(피토게이지)

(2)

방수량	방수압력
130L/min	0.17~0.7MPa 이하 보기 ③

(3) 방수압력 측정방법 : 방수구에 호스를 결속한 상태로 노즐의 선단에 방수압력측정계(피토게이지)를 근접$\left(\frac{D}{2}\right)$시켜서 측정하고 방수압력측정계의 압력계상의 눈금을 확인한다. 보기 ②

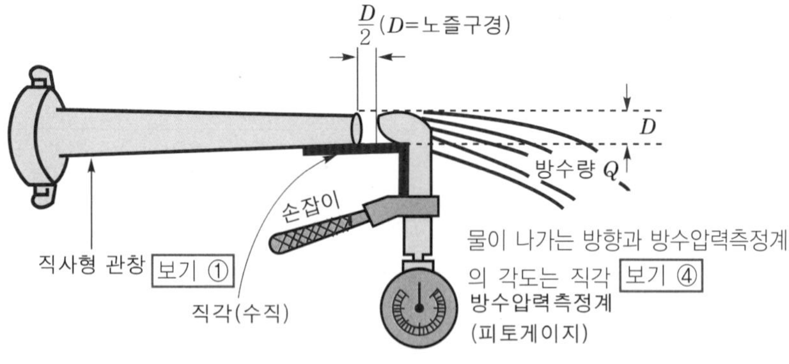

‖ 방수압력 측정 ‖

정답 ②

39 다음 옥내소화전(감시 또는 동력)제어반에서 주펌프를 수동으로 기동시키기 위하여 보기에서 조작해야 할 스위치로 옳은 것은? (단, 설비는 정상상태이며 제시된 조건을 제외한 나머지 조건은 무시한다.)

유사문제 23년 문46 23년 문49 22년 문37

교재 PP.119-120

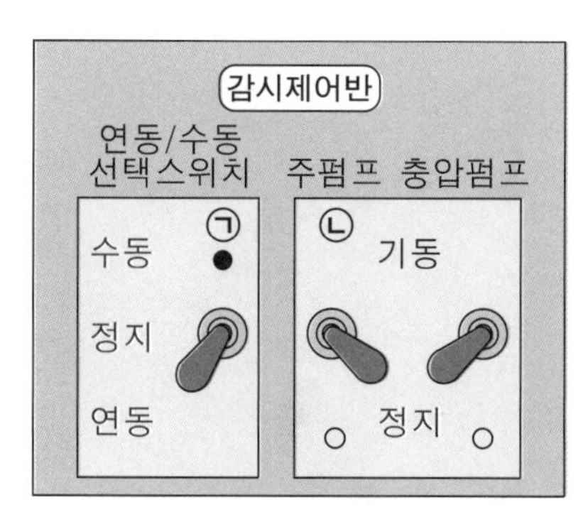

▮감시제어반▮

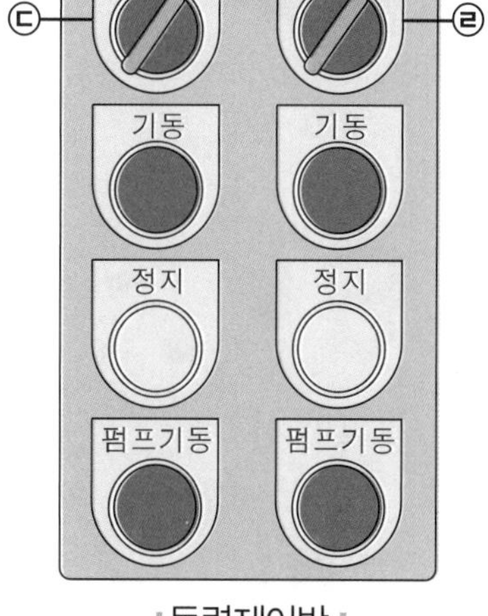

▮동력제어반▮

① ㉠만 수동으로 조작
② ㉠은 연동에 두고 ㉡을 기동으로 조작
③ ㉢을 수동으로 두고 기동버튼 누름
④ ㉣을 수동으로 두고 기동버튼 누름

 해설

▮주펌프 수동기동방법▮

감시제어반	동력제어반
① 선택스위치 : **수동** 보기 ㉠ ② 주펌프 : **기동** 보기 ㉡	① 주펌프 선택스위치 : **수동** 보기 ㉢ ② 주펌프기동버튼(기동스위치) : **누름** 보기 ㉢

▮충압펌프 수동기동방법▮

감시제어반	동력제어반
① 선택스위치 : **수동** ② 충압펌프 : **기동**	① 충압펌프 선택스위치 : **수동** 보기 ㉣ ② 충압펌프기동버튼(기동스위치) : **누름** 보기 ㉣

정답 ③

40 다음 그림 중 심폐소생술(CPR)과 자동심장충격기(AED) 사용 순서로 옳은 것은?

①

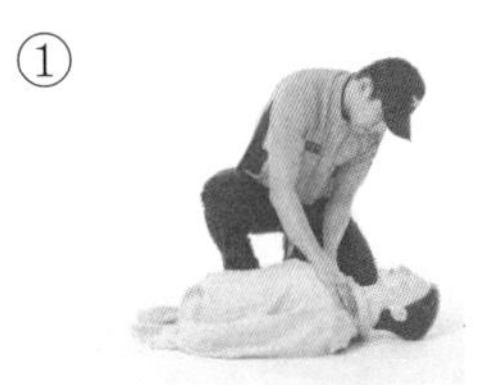

반응 확인 → 119 신고 → 심장리듬 분석 → 인공호흡

②

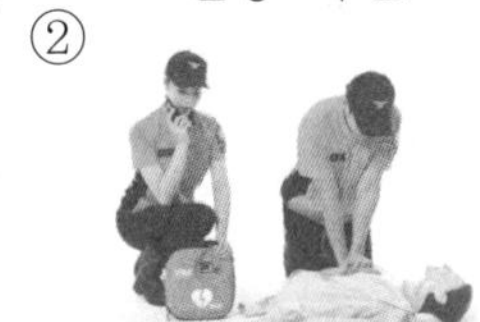

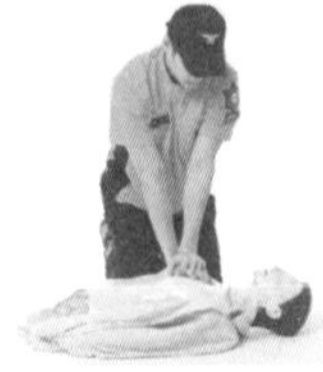

119 신고 → 인공호흡 → 심장리듬 분석 → 가슴압박

③

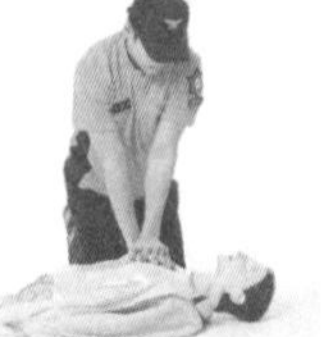
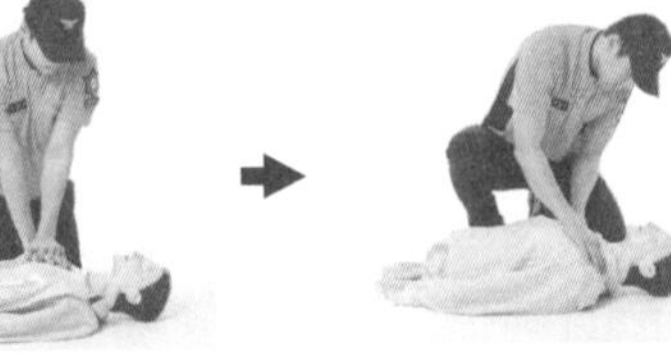
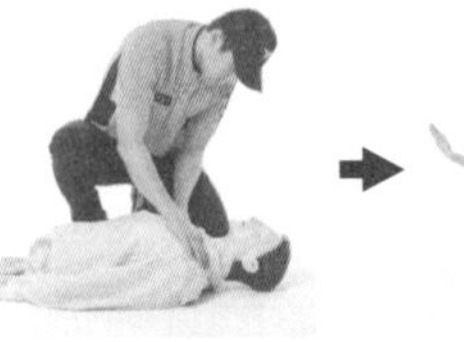

119 신고 → 가슴압박 → 반응 확인 → 심장리듬 분석

④

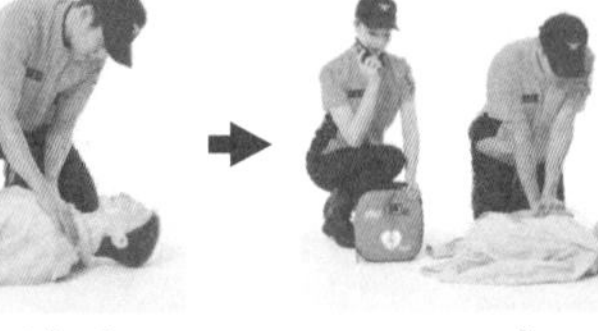
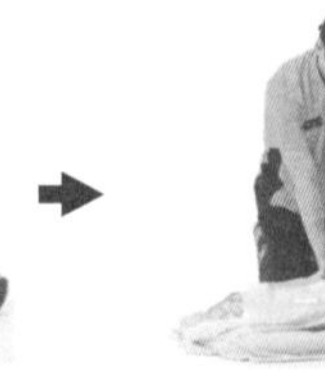

반응 확인 → 119 신고 → 가슴압박 → 심장리듬 분석

해설

④ 보기를 볼 때 심폐소생술(CPR) 실시 후 자동심장충격기(AED)를 사용하는 경우이므로 보기 ④ 정답

심폐소생술(CPR) 순서	자동심장충격기(AED) 사용 순서
① 반응 확인 순서 ① ② 119 신고 순서 ② ③ 호흡 확인 ④ 가슴압박 30회 시행 순서 ③ ⑤ 인공호흡 2회 시행 ⑥ 가슴압박과 인공호흡의 반복 ⑦ 회복 자세	① 전원 켜기 ② 두 개의 패드 부착 ③ 심장리듬 분석 순서 ④ ④ 심장충격 실시 ⑤ 심폐소생술 실시

정답 ④

★★★
41

교재
PP.119
-120

동력제어반 상태를 확인하여 감시제어반의 예상되는 모습으로 옳은 것은? (단, 현재 감시제어반에서 펌프를 수동 조작하고 있음)

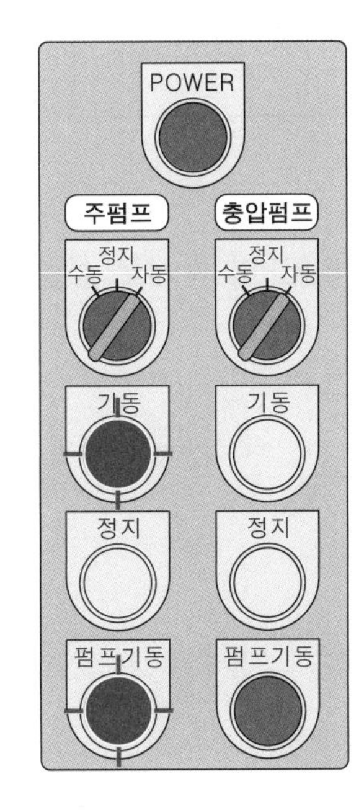

①
선택스위치 주펌프 충압펌프
수동
정지
연동
기동
정지

②
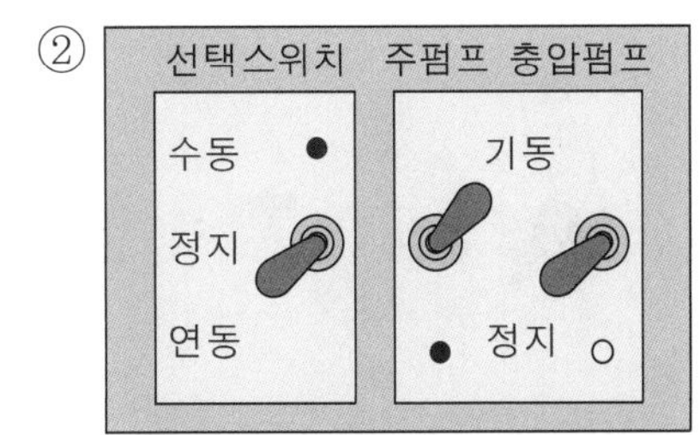

③
선택스위치 주펌프 충압펌프
수동
정지
연동
기동
정지

④
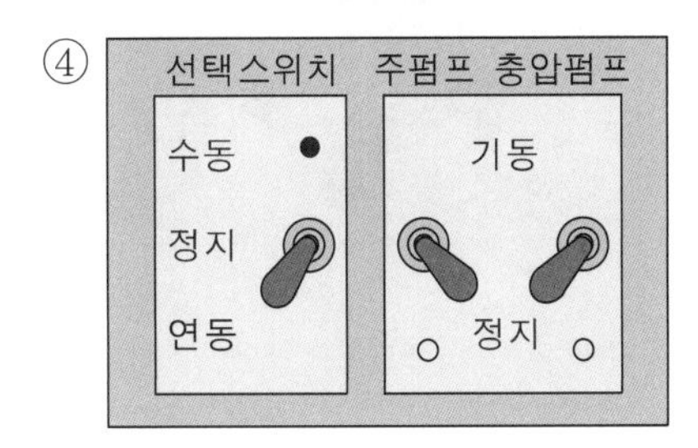

해설

동력제어반에 주펌프의 **기동표시등**과 **펌프기동표시등**이 **점등**되어 있으므로 **감시제어반**에서 펌프를 **수동**조작하고 있는 것으로 판단된다. 그러므로 **선택스위치** : **수동**, **주펌프** : **기동**, **충압펌프** : **정지**

감시제어반	동력제어반
① 선택스위치 : **수동** ② 주펌프 : **기동** ③ 충압펌프 : **정지**	① POWER 램프 : **점등** ② 주펌프 선택스위치 : 어느 위치든 관계 없음 ③ 주펌프 기동램프 : **점등** ④ 주펌프 정지램프 : **소등** ⑤ 주펌프 펌프기동램프 : **점등**

정답 ①

★★

42 다음 그림 중 심폐소생술(CPR) 순서로 옳은 것은?

유사문제 24년 문40

교재 PP.284-286

①

②

③

④

해설 심폐소생술(CPR) 순서

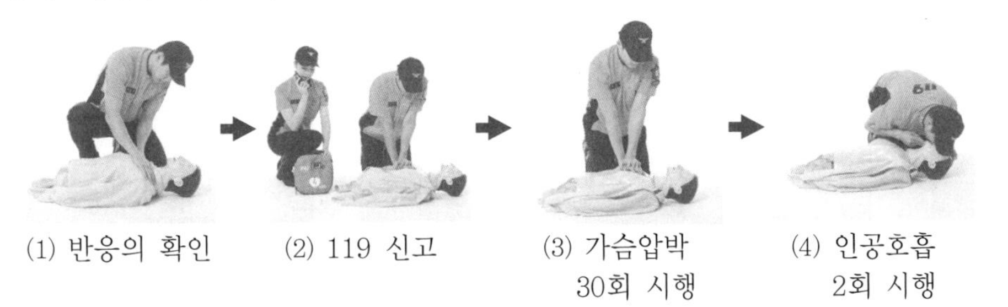

(1) 반응의 확인 (2) 119 신고 (3) 가슴압박 30회 시행 (4) 인공호흡 2회 시행

중요 올바른 심폐소생술 시행방법 보기 ④

반응의 확인 → 119 신고 → 호흡확인 → 가슴압박 30회 시행 → 인공호흡 2회 시행 → 가슴압박과 인공호흡의 반복 → 회복자세

정답 ④

★★★
43 다음 옥내소화전 감시제어반 스위치 상태를 보고 옳은 것을 고르시오.

유사문제 23년 문49 22년 문37 22년 문41

교재 P.120

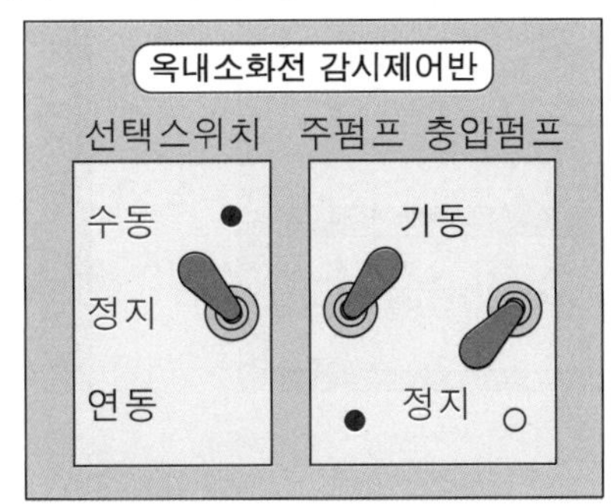

① 충압펌프를 수동으로 기동 중이다.
② 주펌프를 수동으로 기동 중이다.
③ 충압펌프를 자동으로 기동 중이다.
④ 주펌프를 자동으로 기동 중이다.

해설 ② 선택스위치 : **수동**, 주펌프 : **기동**이므로 주펌프를 **수동**으로 기동 중임

감시제어반

평상시 상태	수동기동 상태	점검시 상태
① 선택스위치 : **연동** ② 주펌프 : **정지** ③ 충압펌프 : **정지**	① 선택스위치 : **수동** ② 주펌프 : **기동** ③ 충압펌프 : **기동**	① 선택스위치 : **정지** ② 주펌프 : **정지** ③ 충압펌프 : **정지**

정답 ②

★★★

44 계단감지기 점검시 수신기에 나타나는 모습으로 옳은 것은?

유사문제
22년 문47
21년 문32
20년 문50

교재
P.140

①
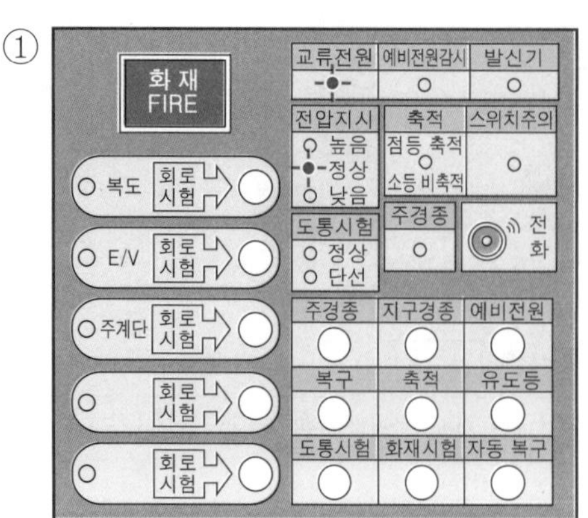

②
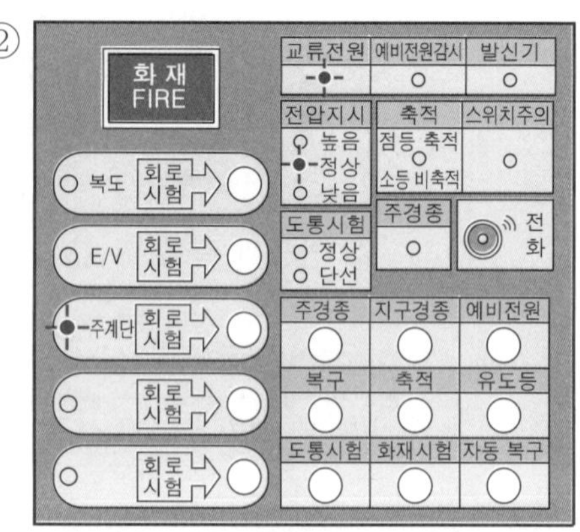

③
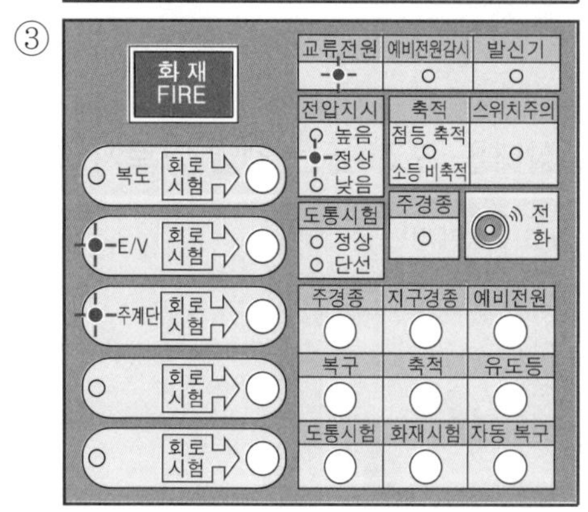

④
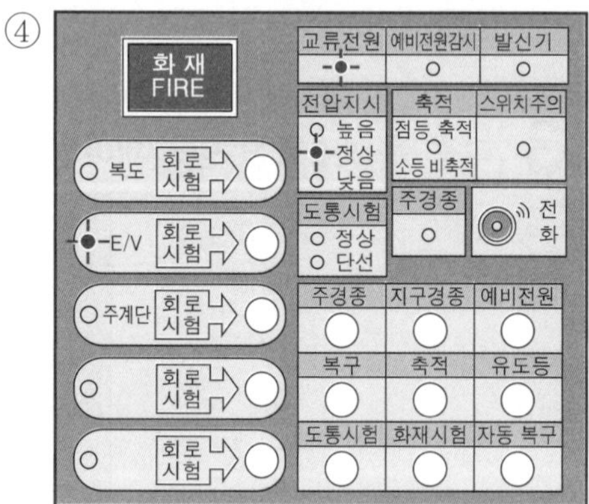

해설

② 계단감지기 점검시에는 계단램프가 점등되어야 하므로 ②번 정답

① 아무것도 점등되지 않음

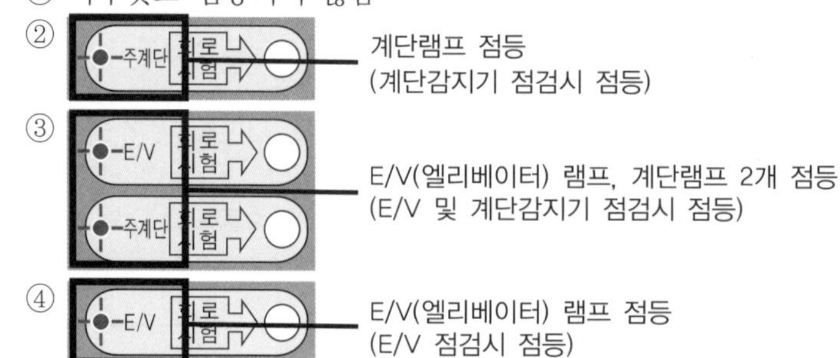

정답 ②

45 다음은 인공호흡에 관한 내용이다. 보기 중 옳은 것을 있는 대로 고른 것은?

| 인공호흡 |

㉠ 턱을 목 아래쪽으로 내려 공기가 잘 들어가도록 해준다.
㉡ 머리를 젖혔던 손의 엄지와 검지로 환자의 코를 잡아서 막고, 입을 크게 벌려 환자의 입을 완전히 막은 후 가슴이 올라올 정도로 1초에 걸쳐서 숨을 불어 넣는다.
㉢ 숨을 불어 넣을 때에는 환자의 가슴이 부풀어 오르는지 눈으로 확인하고 공기가 배출되도록 해야 한다.
㉣ 인공호흡이 꺼려지는 경우에는 가슴압박만 시행할 수 있다.

① ㉠ ② ㉡
③ ㉡, ㉣ ④ ㉠, ㉢

해설

㉠ 턱을 목 아래쪽으로→ 턱을 들어올려
㉢ 공기가 배출되도록 해야 한다. → 숨을 불어넣은 후에는 입을 떼고 코도 놓아주어서 공기가 배출되도록 한다.

정답 ③

46 펌프성능시험을 위해 그림과 같이 펌프를 작동하였다. 다음 그림에 대한 설명으로 옳지 않은 것은? (단, 설비는 정상상태이며 제시된 조건을 제외한 나머지 조건은 무시한다.)

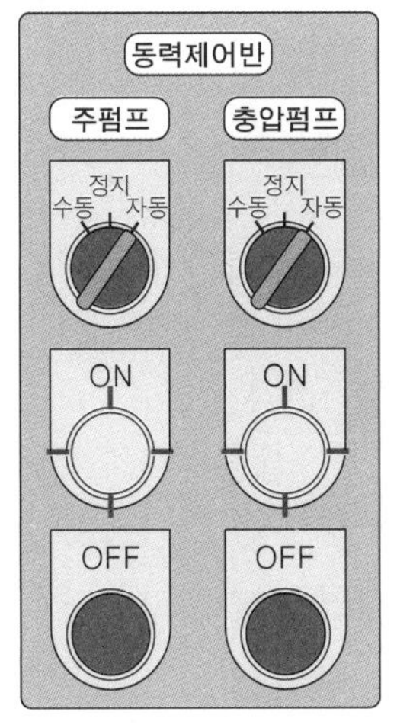

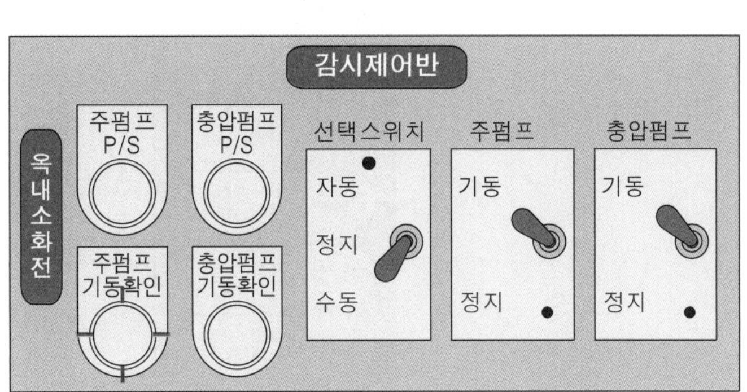

① 기동용 수압개폐장치(압력챔버) 주펌프 압력스위치는 미작동 상태이다.
② 감시제어반의 주펌프 스위치를 정지위치로 내리면 주펌프는 정지한다.
③ 현재 주펌프는 자동으로, 충압펌프는 수동으로 작동하고 있다.
④ 감시제어반 충압펌프 기동확인등이 소등되어 있으므로 불량이다.

해설

① **주펌프 기동확인**램프가 **점등**되어 있지만, **주펌프 P/S**(압력스위치)는 **소등**되어 있으므로 주펌프 압력스위치는 미작동 상태이다. 그러므로 옳다.

② 감시제어반 선택스위치 : **수동**, 주펌프 : **기동**으로 되어있으므로 주펌프는 기동하고 있다. 이 상태에서 주펌프 : **정지**로 내리면 주펌프는 정지하므로 옳다.

③ 자동으로 → 수동으로
감시제어반 선택스위치 : **수동**, 주펌프 : **기동**, 충압펌프 : **기동**으로 되어있으므로 현재 주펌프, 충압펌프 모두 **수동**으로 작동하고 있다.

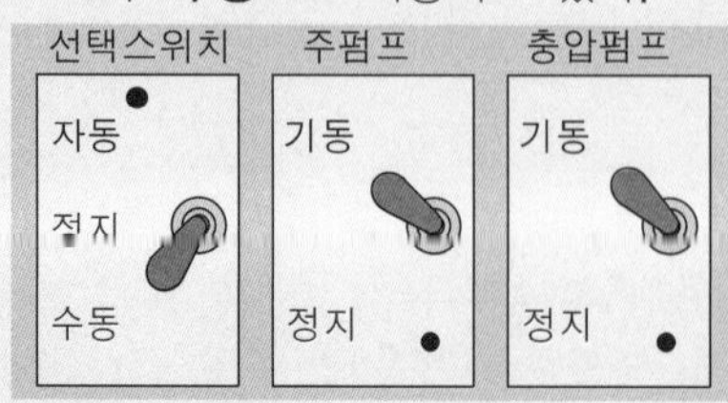

④ 기동확인등은 펌프가 기동될 때 점등되므로 감시제어반 선택스위치 : **수동**, 충압펌프 : **기동**으로 되어있으므로 충압펌프 기동확인램프가 점등되어야 한다. 소등되어있다면 불량이 맞다.

정답 ③

★★★

47 다음 자동화재탐지설비 점검시 5층의 선로 단선을 확인하는 순서로 옳은 것은?

유사문제
24년 문03
24년 문36
22년 문28
교재
P.140

① 주경종 버튼 누름 → 5층 회로시험 누름
② 화재시험 버튼 누름 → 5층 회로시험 누름
③ 축적 버튼 누름 → 5층 회로시험 누름
④ 도통시험 버튼 누름 → 5층 회로시험 버튼 누름

 5층 선로 단선 확인순서

(1) 도통시험스위치 버튼 누름

(2) 5층 회로시험 버튼 누름

용어 회로도통시험

수신기에서 감지기 사이 회로의 단선 유무와 기기 등의 접속 상황을 확인하기 위한 시험

중요 P형 수신기의 동작시험

구 분	순 서
동작시험순서	① 동작시험스위치 누름 ② 자동복구스위치 누름 ③ 회로시험스위치 돌림
동작시험복구순서	① 회로시험스위치 돌림 ② 동작시험스위치 누름 ③ 자동복구스위치 누름
회로도통시험순서	① 도통시험스위치 누름 ② 각 경계구역 동작버튼을 차례로 누름(회로시험스위치를 각 경계구역별로 차례로 회전)
예비전원시험순서	① 예비전원시험스위치 누름 ② 예비전원 결과 확인

정답 ④

48 그림은 옥내소화전 감시제어반 중 펌프제어를 위한 스위치의 예시를 나타낸 것이다. 평상시 및 펌프점검시 스위치 위치에 대한 설명으로 옳은 것만 보기에서 있는대로 고른 것은?

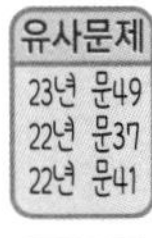

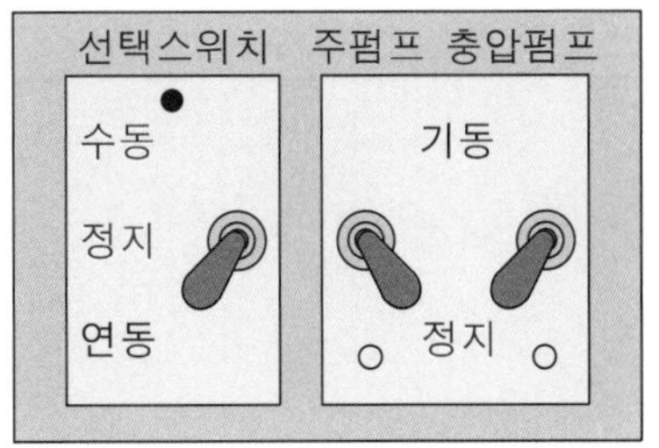

㉠ 평상시 펌프선택스위치는 '수동' 위치에 있어야 한다.
㉡ 평상시 주펌프스위치는 '기동' 위치에 있어야 한다.
㉢ 펌프 수동기동시 펌프 선택스위치는 '수동'에 있어야 한다.

① ㉠
② ㉢
③ ㉠, ㉡
④ ㉠, ㉡, ㉢

해설

㉠ 수동 → 연동
㉡ 기동 → 정지

평상시 상태	수동기동 상태	점검시 상태
① 선택스위치 : **연동**	① 선택스위치 : **수동**	① 선택스위치 : **정지**
② 주펌프 : **정지**	② 주펌프 : **기동**	② 주펌프 : **정지**
③ 충압펌프 : **정지**	③ 충압펌프 : **기동**	③ 충압펌프 : **정지**

정답 ②

49 아래와 같이 옥내소화전설비의 감시제어반이 유지되고 있다. 다음 중 주펌프를 수동기동하는 방법(㉠, ㉡, ㉢)과 이때 감시제어반에서 작동되는 음향장치(㉣)를 올바르게 나열한 것은? (단, 설비는 정상상태이며 제시된 조건을 제외한 나머지 조건은 무시한다.)

유사문제 23년 문49 23년 문46 22년 문37
교재 p.120

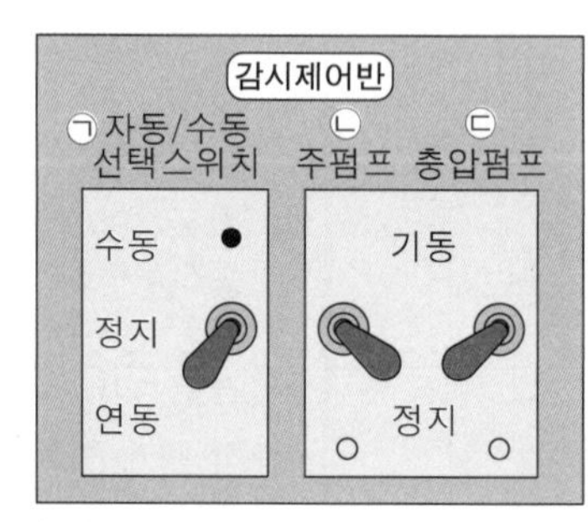

① ㉠ 연동, ㉡ 기동, ㉢ 정지, ㉣ 사이렌
② ㉠ 연동, ㉡ 정지, ㉢ 정지, ㉣ 부저
③ ㉠ 수동, ㉡ 기동, ㉢ 정지, ㉣ 부저
④ ㉠ 수동, ㉡ 기동, ㉢ 정지, ㉣ 사이렌

해설

주펌프 수동기동방법 보기 ③	충압펌프 수동기동방법
① 선택스위치 : **수동**	① 선택스위치 : **수동**
② 주펌프 : **기동**	② 주펌프 : **정지**
③ 충압펌프 : **정지**	③ 충압펌프 : **기동**
④ 음향장치 : **부저**	④ 음향장치 : **부저**

정답 ③

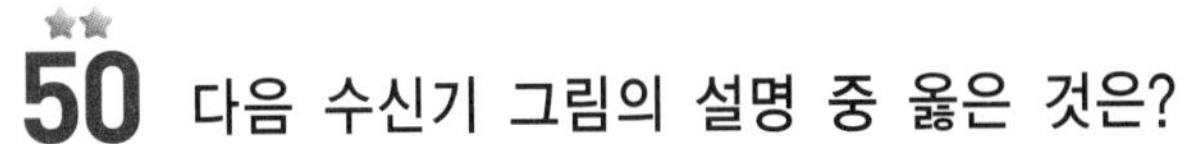

★★
50 다음 수신기 그림의 설명 중 옳은 것은?

유사문제
24년 문26
24년 문37
22년 문47
21년 문37

교재
P.140

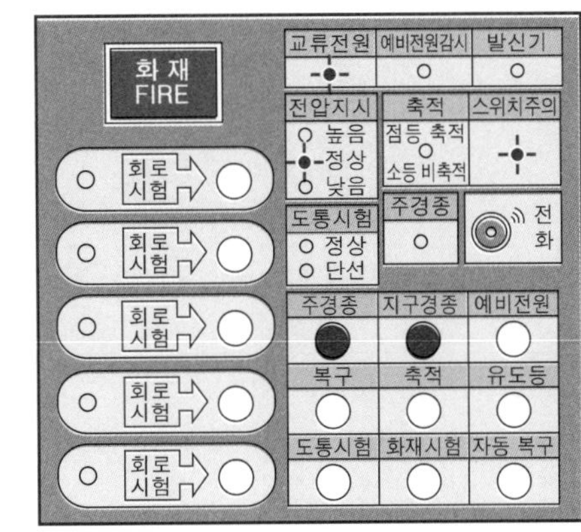

① 스위치 주의표시등이 점등되어 있으므로 119에 신속히 신고한다.
② 스위치 주의표시등이 점등되어 있으므로 화재 위치를 확인하여 조치한다.
③ 스위치 주의표시등이 점등되어 있으므로 스위치 상태를 확인하여 정상위치에 놓는다.
④ 스위치 주의표시등이 점등되어 있으므로 예비전원 상태를 확인한다.

해설

스위치주의

① 스위치 주의표시등이 점등되어 있으므로 눌러져 있는 주경종, 지구경종 정지스위치 등을 **정상위치**로 **복구**시켜야 한다. 119에 신고할 필요는 없으므로 틀린 답 (×)
② 스위치 주의표시등이 점등되어 있으므로 눌러져 있는 주경종, 지구경종 정지스위치 등을 정상위치로 복구시켜야 한다. 화재가 발생한 경우는 아니므로 화재위치를 확인할 필요는 없다. 그러므로 틀린 답 (×)
④ 스위치 주의표시등은 주경종, 지구경종 정지스위치 등이 눌러져 있을 때 점등되는 것으로 예비전원 상태와는 무관하다. 그러므로 틀린 답 (×)

정답 ③

“ 성공한 사람이 아니라 가치있는 사람이 되려고 힘써라.

- 아인슈타인 - ”

제 1 과목

01 ★

소방대상물의 관계인이 아닌 것은?

교재 P.14

① 소유자 ② 관리자
③ 감독자 ④ 점유자

해설 **관계인**

(1) **소**유자 보기 ①
(2) **관**리자 보기 ②
(3) **점**유자 보기 ④

소관점

정답 ③

02 ★★★

소방기본법에 따른 한국소방안전원의 설립목적 및 업무가 아닌 것은?

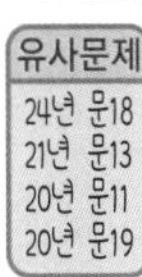

① 소방기술과 안전관리에 관한 교육
② 위험물안전관리법에 따른 탱크안전성능시험
③ 교육·훈련 등 행정기관이 위탁하는 업무의 수행
④ 소방안전에 관한 국제협력

해설

② 한국소방산업기술원의 업무

한국소방안전원

한국소방안전원의 설립목적	한국소방안전원의 업무
① 소방기술과 안전관리기술의 향상 및 홍보 ② 교육·훈련 등 행정기관이 위탁하는 업무의 수행 보기 ③ ③ **소방관계종사자**의 기술 향상	① 소방기술과 안전관리에 관한 **교육** 및 **조사·연구** 보기 ① ② 소방기술과 안전관리에 관한 각종 **간행물 발간** ③ 화재예방과 안전관리의식 고취를 위한 **대국민 홍보** ④ 소방업무에 관하여 **행정기관**이 **위탁**하는 업무 ⑤ 소방안전에 관한 **국제협력** 보기 ④ ⑥ **회원**에 대한 **기술지원** 등 정관으로 정하는 사항

정답 ②

★★★
03 다음 중 무창층의 개구부 요건에 해당하지 않는 것은?

① 내부 또는 외부에서 쉽게 부수거나 열 수 있을 것
② 해당층의 바닥면으로부터 개구부 밑부분까지의 높이가 1.2m 이내일 것
③ 도로 또는 차량이 진입할 수 있는 빈터를 향할 것
④ 크기는 지름 30cm 이하의 원이 통과할 수 있을 것

해설

④ 30cm 이하 → 50cm 이상

무창층

지상층 중 다음에 해당하는 개구부면적의 합계가 그 층의 바닥면적의 $\frac{1}{30}$ 이하가 되는 층

개구부 : '창문'을 말해요.

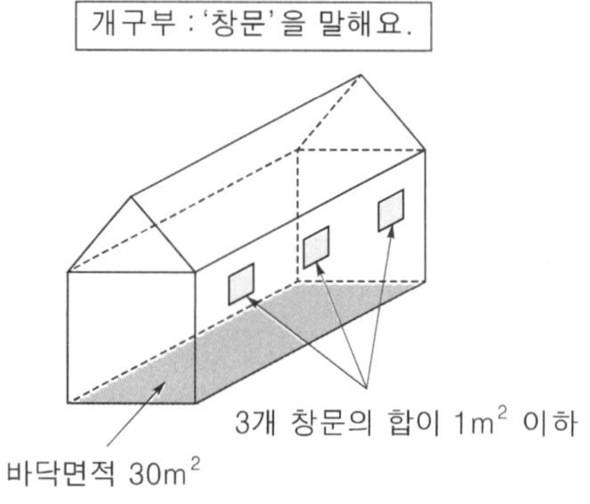

‖ 무창층 ‖

(1) 크기는 지름 **50cm 이상**의 원이 **통과**할 수 있을 것 보기 ④
이하 ×

비교

개구부	소화수조 · 저수조
지름 **50cm** 이상	지름 **60cm** 이상

(2) 해당층의 바닥면으로부터 개구부 밑부분까지의 높이가 **1.2m** 이내일 것 보기 ②
1.5m ×

화재발생시 사람이 통과할 수 있는 어깨 너비, 키 등의 최소기준을 생각해 봐요.

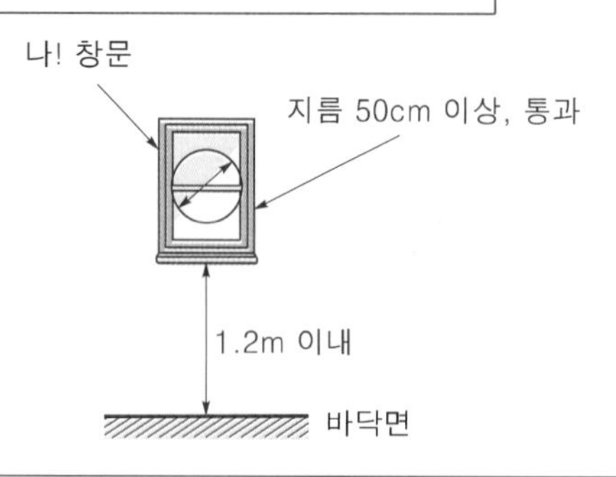

(3) **도로** 또는 **차량**이 진입할 수 있는 **빈터**를 향할 것 보기 ③
(4) 화재시 건축물로부터 쉽게 **피난**할 수 있도록 개구부에 **창살**이나 그 밖의 장애물이 설치되지 않을 것
(5) 내부 또는 외부에서 **쉽게 부수거나 열** 수 있을 것 보기 ①

정답 ④

04 자체점검(작동점검 또는 종합점검)을 실시한 자는 점검결과를 몇 년간 보관하여야 하는가?

유사문제 20년 문03

교재 P.42

① 1년 ② 2년
③ 3년 ④ 5년

해설 **자체점검 후 결과조치**
자체점검 결과 보관 : **2년**

정답 ②

05 가연물질의 구비조건으로 옳은 것은?

교재 P.54

① 산소와의 친화력이 작다. ② 표면적이 작다.
③ 발열량이 작다. ④ 열전도율이 작다.

해설

①·②·③ 작다 → 크다

가연물질의 구비조건
(1) 화학반응을 일으킬 때 필요한 **활성화에너지값**이 **작아야** 한다.
(2) 일반적으로 산화되기 쉬운 물질로서 산소와 결합할 때 **발열량**이 **커야** 한다. 보기 ③
(3) 열의 축적이 용이하도록 **열전도**의 값(열전도율)이 **작아야** 한다. 보기 ④

〈가연물질별 열전도〉
• **철** : 열전도 빠르다(크다). → 불에 잘 타지 않는다.
• **종이** : 열전도 느리다(작다). → 불에 잘 탄다.

‖ 열전도 ‖

(4) 지연성 가스인 **산소**·염소와의 **친화력**이 **강해야** 한다. 보기 ①
(5) 산소와 접촉할 수 있는 **표면적**이 **큰 물질**이어야 한다. 보기 ②
(6) **연쇄반응**을 일으킬 수 있는 물질이어야 한다.

용어 **활성화에너지(최소 점화에너지)**

가연물이 처음 연소하는 데 필요한 열

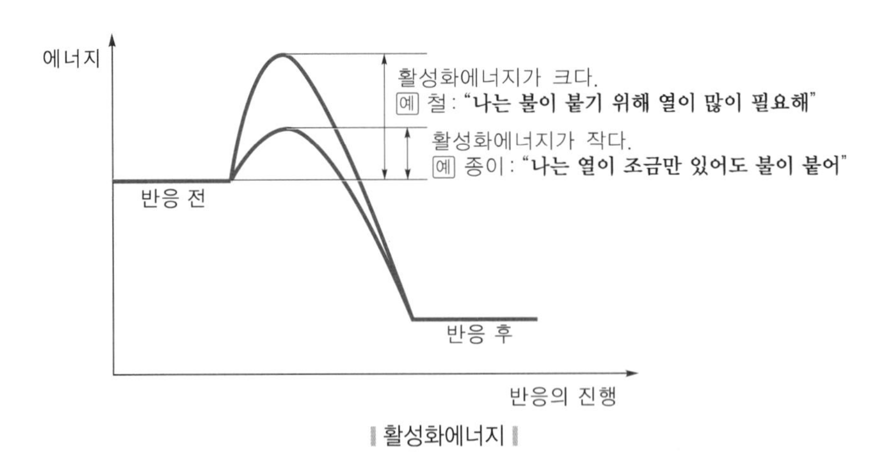

‖ 활성화에너지 ‖

정답 ④

06 화재안전조사 항목에 대한 사항으로 틀린 것은?

① 특정소방대상물 및 관계지역에 대한 강제처분에 관한 사항
② 소방안전관리 업무 수행에 관한 사항
③ 화재의 예방조치 등에 관한 사항
④ 소방시설 등의 자체점검에 관한 사항

해설 **화재안전조사 항목**

(1) 화재의 **예방조치** 등에 관한 사항 보기 ③
(2) **소방안전관리 업무** 수행에 관한 사항 보기 ②
(3) 피난계획의 수립 및 시행에 관한 사항
(4) 소화·통보·피난 등의 훈련 및 소방안전관리에 필요한 교육에 관한 사항
(5) **소방자동차 전용구역**의 설치에 관한 사항
(6) 소방시설공사업법에 따른 시공, 감리 및 감리원의 배치에 관한 사항
(7) **소방시설**의 **설치** 및 **관리**에 관한 사항
(8) 건설현장의 **임시소방시설**의 설치 및 관리에 관한 사항
(9) **피난시설**, 방화구획 및 방화시설의 관리에 관한 사항
(10) **방염**에 관한 사항
(11) 소방시설 등의 **자체점검**에 관한 사항 보기 ④
(12) 「다중이용업소의 안전관리에 관한 특별법」, 「위험물안전관리법」 및 「초고층 및 지하연계 복합건축물 재난관리에 관한 특별법」의 안전관리에 관한 사항
(13) 그 밖에 소방대상물에 화재의 발생위험이 있는지 등을 확인하기 위해 소방관서장이 화재안전조사가 필요하다고 인정하는 사항

정답 ①

★★★

07 다음 중 연소 후 재를 남기지 않는 것은?

유사문제 22년 문02 22년 문08 21년 문33 20년 문10

교재 PP.58-59

① 일반화재 ② 유류화재
③ 전기화재 ④ 주방화재

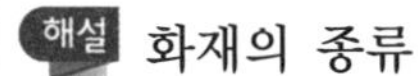
해설 화재의 종류

종 류	적응물질	소화약제
일반화재(A급)	• 보통가연물(폴리에틸렌 등) • 종이 • 목재, 면화류, 석탄 • **재를 남김**	① 물 ② 수용액
유류화재(B급)	• 유류 • 알코올 • **재를 남기지 않음** 보기 ②	① 포(폼)
전기화재(C급)	• 변압기 • 배전반	① 이산화탄소 ② 분말소화약제 ③ 주수소화 금지
금속화재(D급)	• 가연성 금속류(나트륨 등)	① 금속화재용 분말소화약제 ② 건조사(마른모래)
주방화재(K급)	• 식용유 • 동 · 식물성 유지	① 강화액

정답 ②

★★★

08 방염성능기준 이상의 실내장식물 등을 설치하여야 하는 장소가 아닌 것은?

유사문제 21년 문23 20년 문04

교재 P.49

① 방송국 및 촬영소
② 문화 및 집회시설
③ 의료시설
④ 11층 이상인 아파트

해설

④ 아파트 → 아파트 제외

방염성능기준 이상 적용 특정소방대상물

(1) 체력단련장, 공연장 및 종교집회장
(2) 문화 및 집회시설(옥내에 있는 시설) 보기 ②
(3) 종교시설
(4) 운동시설(**수영장**은 **제외**)
(5) 의원, 조산원, 산후조리원
(6) 의료시설(요양병원 등) 보기 ③
(7) **합숙소**

기출문제 2023

(8) 노유자시설
(9) 숙박이 가능한 수련시설
(10) 숙박시설
(11) 방송국 및 촬영소 보기 ①
(12) 다중이용업소(단란주점영업, 유흥주점영업, 노래연습장의 영업장 등)
(13) 층수가 **11층** 이상인 것(**아파트**는 **제외** : 2026. 12. 1. 삭제) 보기 ④

정답 ④

09 다음 중 300만원 이하의 벌금에 해당하지 않는 것은?

유사문제 22년 문24
교재 P.31

① 화재안전조사를 정당한 사유 없이 거부 · 방해 또는 기피한 자
② 화재예방조치 조치명령을 정당한 사유 없이 따르지 아니하거나 방해한 자
③ 소방안전관리자에게 불이익한 처우를 한 관계인
④ 화재예방안전진단을 받지 아니한 자

④ 1년 이하의 징역 또는 1천만원 이하 벌금

300만원 이하 벌금
(1) **화재안전조사**를 정당한 사유 없이 거부 · 방해 또는 기피한 자 보기 ①
(2) **화재예방조치 조치명령**을 정당한 사유 없이 따르지 아니하거나 방해한 자 보기 ②
(3) **소방안전관리자, 총괄소방안전관리자, 소방안전관리보조자**를 **선임**하지 아니한 자
(4) 소방시설 · 피난시설 · 방화시설 및 방화구획 등이 법령에 위반된 것을 발견하였음에도 **필요한 조치**를 할 것을 요구하지 아니한 **소방안전관리자**
(5) 소방안전관리자에게 **불이익**한 **처우**를 한 **관계인** 보기 ③

1년 이하의 징역 또는 1000만원 이하의 벌금
(1) 소방시설의 **자체점검** 미실시자
(2) 소방안전관지라 자격증 대여
(3) **화재예방안전진단**을 받지 아니한 자

정답 ④

10 (　) 안에 들어갈 말로 옳은 것은?

유사문제 22년 문16
교재 P.84

위험물이란 (　) 또는 (　) 등의 성질을 가지는 것으로 대통령령이 정하는 물품이다.

① 발화성 또는 점화성　② 위험성 또는 인화성
③ 인화성 또는 발화성　④ 인화성 또는 점화성

해설 위험물
인화성 또는 **발화성** 등의 성질을 가지는 것으로서 **대통령령**이 정하는 물품

정답 ③

★★★
11 액화석유가스(LPG)에 대한 설명으로 옳지 않은 것은?

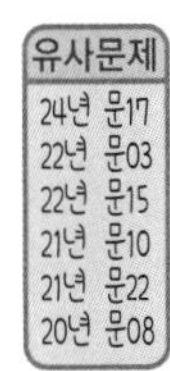
유사문제
24년 문17
22년 문03
22년 문15
21년 문10
21년 문22
20년 문08

① 가정용, 공업용으로 주로 사용된다.
② CH_4이 주성분이다.
③ 프로판의 폭발범위는 2.1~9.5%이다.
④ 비중이 1.5~2로 누출시 낮은 곳으로 체류한다.

교재 P.90

해설

② CH_4 → C_3H_8 또는 C_4H_{10}

LPG vs LNG

구 분 \ 종 류	액화석유가스 (LPG)	액화천연가스 (LNG)
주성분	• 프로판(C_3H_8) • 부탄(C_4H_{10}) 보기 ② 공하성 기억법 P프부	• 메탄(CH_4) 공하성 기억법 N메
비 중	• **1.5~2**(누출시 낮은 곳 체류) 보기 ④	• **0.6**(누출시 천장 쪽 체류)
폭발범위 (연소범위)	• 프로판 : 2.1~9.5% 보기 ③ • 부탄 : 1.8~8.4%	• 5~15%
용 도	• 가정용 • 공업용 보기 ① • 자동차연료용	• 도시가스
증기비중	• 1보다 큰 가스	• 1보다 작은 가스
탐지기의 위치	• 탐지기의 **상단**은 **바닥면**의 **상방** **30cm** 이내에 설치 탐지기 / 30cm 이내 / 바닥 ‖LPG 탐지기 위치‖	• 탐지기의 **하단**은 **천장면**의 **하방** **30cm** 이내에 설치 천장 / 탐지기 / 30cm 이내 ‖LNG 탐지기 위치‖
가스누설경보기의 위치	• 연소기 또는 관통부로부터 수평거리 **4m** 이내에 설치	• 연소기로부터 수평거리 **8m** 이내에 설치
공기와 무게 비교	• 공기보다 무겁다.	• 공기보다 가볍다.

정답 ②

12 다음 중 단독주택에 설치하는 소방시설은?

교재 P.35

① 소화기 및 단독경보형 감지기 ② 투척용 소화용구
③ 간이소화용구 ④ 자동확산소화기

해설 **단독주택 및 공동주택(아파트 및 기숙사 제외)에 설치하는 소방시설**
(1) 소화기
(2) 단독경보형 감지기

정답 ①

13 다음 중 피난시설, 방화구획 및 방화시설의 금지행위에 해당되지 않는 것은?

① 방화문에 시건장치를 하여 폐쇄하는 행위
② 방화문에 고임장치(도어스톱) 등을 설치하는 행위
③ 비상구에 물건을 쌓아두는 행위
④ 방화문을 닫아놓은 상태로 관리하는 행위

해설

> ④ 방화문을 닫아놓은 상태로 관리하는 행위는 올바른 행위이다.

피난시설, 방화구획 및 방화시설 관련 금지행위
(1) 피난시설, 방화구획 및 방화시설을 폐쇄(잠금을 포함)하거나 훼손하는 등의 행위
(2) 피난시설, 방화구획 및 방화시설의 주위에 물건을 쌓아두거나 장애물을 설치하는 행위
(3) 피난시설, 방화구획 및 방화시설의 용도에 장애를 주거나 소방활동에 지장을 주는 행위
(4) 그 밖에 피난시설, 방화구획 및 방화시설을 변경하는 행위
(5) 방화문에 시건장치를 하여 폐쇄하는 행위 보기 ①
(6) 방화문에 고임장치(도어스톱) 등을 설치하는 행위 보기 ②
(7) 비상구에 물건을 쌓아두는 행위 보기 ③
(8) 방화문을 유리문으로 교체하는 행위

정답 ④

14 방염처리물품의 성능검사에서 현장처리물품의 실시기관은?

유사문제 24년 문20

① 관할소방서장 ② 한국소방안전원
③ 한국소방산업기술원 ④ 성능검사를 받지 않아도 된다.

교재 PP.37-38

현장처리물품

방염 현장처리물품의 실시기관	방염 선처리물품의 성능검사 실시기관
시·도지사(관할소방서장) 보기 ①	한국소방산업기술원

정답 ①

기출문제 2023

★★★
15 **소화설비 중 소화기구에 대한 설명으로 옳지 않은 것은?**

유사문제
24년 문12
23년 문47
23년 문33
22년 문09
22년 문44
21년 문31
21년 문43
20년 문39
20년 문43
20년 문48

교재
PP.103-104, P.107

① 소화기는 각 층마다 설치하고 소형소화기는 특정소방대상물의 각 부분으로부터 1개 소화기까지 보행거리는 20m 이내로 한다.
② ABC급 분말소화기의 주성분은 제1인산암모늄이다.
③ 능력단위가 2단위 이상이 되도록 소화기를 설치하여야 하는 특정소방대상물 또는 그 부분에 있어서는 간이소화용구의 능력단위가 전체 능력단위를 초과하지 않도록 하여야 한다.
④ 소화기의 내용연수는 10년으로 하고 내용연수가 지난 제품은 교체 또는 성능확인을 받아야 한다.

해설

③ 전체 능력단위를 → 전체 능력단위의 $\frac{1}{2}$을

소화기구

(1) 소화능력 단위기준 및 보행거리 보기 ①

소화기 분류		능력단위	보행거리
소형소화기		**1단위** 이상	20m 이내
대형소화기	A급	**10단위** 이상	30m 이내
	B급	**20단위** 이상	

공하성 기억법 보3대, 대2B(데이빗!)

(2) 분말소화기

‖ 소화약제 및 적응화재 ‖

적응화재	소화약제의 주성분	소화효과
BC급	탄산수소나트륨($NaHCO_3$)	• 질식효과 • 부촉매(억제)효과
	탄산수소칼륨($KHCO_3$)	
ABC급 보기 ②	제1인산암모늄($NH_4H_2PO_4$)	
BC급	탄산수소칼륨($KHCO_3$)+요소($(NH_2)_2CO$)	

(3) 내용연수 보기 ④
소화기의 내용연수를 **10년**으로 하고 내용연수가 지난 제품은 교체 또는 성능확인을 받을 것

(4) 능력단위가 **2단위** 이상이 되도록 소화기를 설치하여야 할 특정소방대상물 또는 그 부분에 있어서는 **간이소화용구**의 능력단위가 전체 능력단위의 $\frac{1}{2}$ 초과금지(**노유자시설** 제외) 보기 ③

정답 ③

16 건축물의 주요구조부가 내화구조이고, 벽 및 반자의 실내에 면하는 부분이 불연재료로 된 바닥면적 600m²인 의료시설에 필요한 소화기구의 능력단위는?

유사문제 22년 문05 21년 문38 20년 문28

① 2단위 ② 3단위

③ 4단위 ④ 6단위

해설 특정소방대상물별 소화기구의 능력단위기준

특정소방대상물	소화기구의 능력단위	건축물의 주요구조부가 **내화구조**이고, 벽 및 반자의 실내에 면하는 부분이 **불연재료·준불연재료** 또는 **난연재료**로 된 특정소방대상물의 능력단위
• **위**락시설 공하성 기억법 위3(위상)	바닥면적 **3**0m²마다 1단위 이상	바닥면적 **60m²**마다 1단위 이상
• **공연**장 • **집**회장 • **관람**장 • **문**화재 • **장**례식장 및 **의**료시설 공하성 기억법 5공연장 문의 집관람 (손오공 연장 문의 집관람)	바닥면적 **5**0m²마다 1단위 이상	→ 바닥면적 **100m²**마다 1단위 이상
• **근**린생활시설 • **판**매시설 • 운수시설 • **숙**박시설 • **노**유자시설 • **전**시장 • 공동**주**택(아파트 등) • **업**무시설(사무실 등) • **방**송통신시설 • 공장 • **창**고시설 • **항**공기 및 자동**차**관련시설, **관광**휴게시설 공하성 기억법 근판숙노전 주업방차창 1항 관광(근판숙노전 주업방차창 일본항 관광)	바닥면적 **1**00m²마다 1단위 이상	바닥면적 **200m²**마다 1단위 이상
• 그 밖의 것	바닥면적 **200m²**마다 1단위 이상	바닥면적 **400m²**마다 1단위 이상

의료시설로서 **내화구조**이고 **불연재료**이므로 바닥면적 **100m²**마다 1단위 이상이므로

$$\frac{600\text{m}^2}{100\text{m}^2} = 6\text{단위}$$

정답 ④

17 옥내소화전설비에 대한 설명으로 옳은 것은?

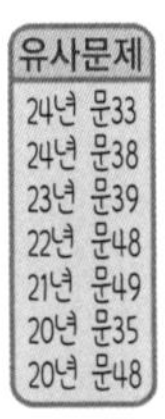
유사문제
24년 문33
24년 문38
23년 문39
22년 문48
21년 문49
20년 문35
20년 문48

교재
PP.117-119

① 옥내소화전(2개 이상인 경우 2개, 고층건축물의 경우 최대 5개)을 동시에 방수할 경우 방수압은 0.17MPa 이상, 0.7MPa 이하가 되어야 한다.
② 옥내소화전(2개 이상인 경우 2개, 고층건축물의 경우 최대 5개)을 동시에 방수할 경우 방수량은 350L/min 이상이어야 한다.
③ 방수구는 바닥으로부터 0.8m~1.5m 이하의 위치에 설치한다.
④ 옥내소화전설비의 호스의 구경은 25mm 이상의 것을 사용하여야 한다.

해설

② 350L/min → 130L/min
③ 0.8m~1.5m → 1.5m
④ 25mm → 40mm

(1) **옥내소화전설비 vs 옥외소화전설비**

구 분	방수량	방수압	최소방출시간	소화전 최대개수
옥내소화전설비	• 130L/min 이상 보기 ②	• 0.17~0.7MPa 이하 보기 ①	• **20분** : 29층 이하 • **40분** : 30~49층 이하 • **60분** : 50층 이상	• 저층건축물 : 최대 **2개** • 고층건축물 : 최대 **5개** 보기 ①
옥외소화전설비	• 350L/min 이상	• 0.25~0.7MPa 이하	• **20분**	

(2) **옥내소화전설비 호스구경**

구 분	호 스
호스릴	25mm 이상
일 반	40mm 이상 보기 ④

공하성 기억법 **내호25, 내4(내사 종결)**

비교

설치높이 1.5m 이하
(1) 소화기
(2) 옥내소화전 방수구 보기 ③

정답 ①

18 30층 미만인 어느 건물에 옥내소화전이 1층에 6개, 2층에 4개, 3층에 4개가 설치된 소방대상물의 최소수원의 양은?

교재 P.117

① $2.6m^3$　　② $5.2m^3$
③ $10.8m^3$　　④ $13m^3$

옥내소화전설비 수원의 저수량

$Q = 2.6N$(30층 미만, N : 최대 2개)
$Q = 5.2N$(30~49층 이하, N : 최대 5개)
$Q = 7.8N$(50층 이상, N : 최대 5개)

여기서, Q : 수원의 저수량[m^3]
N : 가장 많은 층의 소화전개수

수원의 **저수량** Q는

$Q = 2.6N = 2.6 \times 2 = 5.2m^3$

정답 ②

19 1급 소방안전관리대상물의 소방안전관리자로 선임될 수 없는 사람은?(단, 해당 소방안전관리자 자격증을 받은 경우이다.)

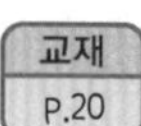

① 소방설비기사
② 소방설비산업기사
③ 소방공무원으로 7년간 근무한 경력이 있는 사람
④ 위험물기능장

④ 2급 소방안전관리자 선임조건

(1) **1급 소방안전관리대상물의 소방안전관리자 선임조건**

자 격	경 력	비 고
• 소방설비기사 보기 ① • 소방설비산업기사 보기 ②	경력 필요 없음	1급 소방안전관리자 자격증을 받은 사람
• 소방공무원 보기 ③	**7년**	
• 소방청장이 실시하는 1급 소방안전관리대상물의 소방안전관리에 관한 시험에 합격한 사람	경력 필요 없음	
• 특급 소방안전관리대상물의 소방안전관리자 자격이 인정되는 사람		

(2) 2급 소방안전관리대상물의 소방안전관리자 선임조건

자 격	경 력	비 고
• 위험물기능장 보기 ④ • 위험물산업기사 • 위험물기능사	경력 필요 없음	2급 소방안전관리자 자격증을 받은 사람
• 소방공무원	3년	
• 「기업활동 규제완화에 관한 특별조치법」에 따라 소방안전관리자로 선임된 사람(소방안전관리자로 선임된 기간으로 한정)	경력 필요 없음	
• 소방청장이 실시하는 2급 소방안전관리대상물의 소방안전관리에 관한 시험에 합격한 사람		
• 특급 또는 1급 소방안전관리대상물의 소방안전관리자 자격이 인정되는 사람		

정답 ④

20 거실통로유도등의 설치높이는?

교재 PP.158-159

① 바닥으로부터 높이 1m 이하에 설치
② 바닥으로부터 높이 1m 이상에 설치
③ 바닥으로부터 높이 1.5m 이하에 설치
④ 바닥으로부터 높이 1.5m 이상에 설치

해설 유도등의 설치높이

복도통로유도등, 계단통로유도등	피난구유도등, 거실통로유도등
바닥으로부터 높이 1m 이하	바닥으로부터 높이 1.5m 이상 보기 ④
공하성 기억법 1복(일복 터졌다.)	공하성 기억법 피유15상

정답 ④

21 인명구조기구로 옳지 않은 것은?

① 방열복
② 인공소생기
③ 방화복
④ 자동심장충격기(AED)

해설 인명구조기구

(1) **방열**복 보기 ①
(2) **방화**복(안전모, 보호장갑, 안전화 포함) 보기 ③
(3) **공**기호흡기
(4) **인**공소생기 보기 ②

방화열공인

정답 ④

22 완강기의 구성부품이 아닌 것은?

유사문제 22년 문11 22년 문12

① 속도조절기　　② 체인
③ 벨트　　④ 로프

해설 **완강기 구성 요소**

(1) 속도**조**절기 보기 ①
(2) **로**프 보기 ④
(3) **벨**트 보기 ③
(4) **연**결금속구

공하성 기억법 조로벨연

정답 ②

23 전압계가 있는 P형 수신기의 회로도통시험 중 전압계의 정상 지시치는?

유사문제 22년 문38

교재 P.141

① 0~3V
② 4~8V
③ 12~18V
④ 19~29V

해설 **회로도통시험 적부판정**

구 분	정 상	단 선
전압계가 있는 경우	4~8V 보기 ②	0V
도통시험확인등이 있는 경우	정상확인등 점등(**녹색**)	단선확인등 점등(**적색**)

정답 ②

24 어느 건축물의 바닥면적이 각각 1층 700m², 2층 600m², 3층 300m², 4층 200m² 이다. 이 건축물의 최소 경계구역수는?

유사문제 24년 문23

교재 P.127

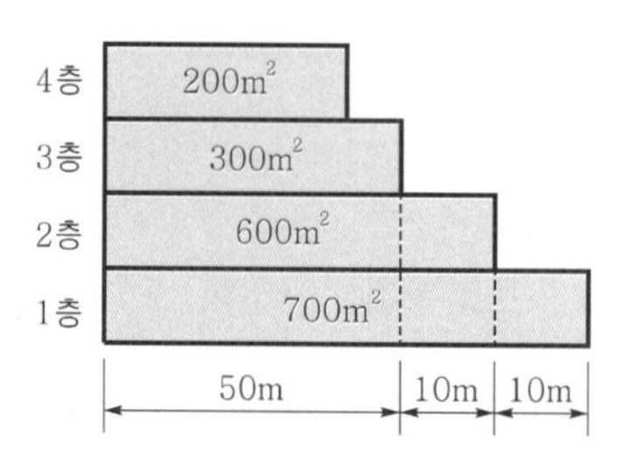

① 2개　　② 3개
③ 4개　　④ 5개

(1) 1층 : 1경계구역의 면적은 **600m²** 이하로 하여야 하므로 바닥면적을 **600m²**로 나누어주면 된다.

$$1층 : \frac{700m^2}{600m^2} = 1.1 \fallingdotseq 2개(소수점\ 올림)$$

(2) 2층 : 바닥면적이 $600m^2$ 이하이지만 한 변의 길이가 **50m**를 **초과**하므로 **2개**로 나뉜다.

(3) 3~4층 : $500m^2$ 이하는 2개층을 1경계구역으로 할 수 있으므로 2개층의 합이 $500m^2$ 이하일 때는 **500m²**로 나누어주면 된다.

$$3\sim4층 : \frac{(300+200)m^2}{500m^2} = 1개$$

∴ 2개+2개+1개=5개

정답 ④

25 주방에 설치하는 감지기는?

유사문제 24년 문02
교재 P.130

① 차동식 스포트형 감지기
② 이온화식 스포트형 감지기
③ 정온식 스포트형 감지기
④ 광전식 스포트형 감지기

해설 감지기의 구조

정온식 스포트형 감지기	차동식 스포트형 감지기
① **바이메탈**, **감열판**, **접점** 등으로 구분 공하성 기억법 바정(봐줘) ② **보일러실**, **주방** 설치 보기 ③ ③ 주위 온도가 일정 온도 이상이 되었을 때 작동	① **감열실**, **다이어프램**, **리크구멍**, **접점** 등으로 구성 ② **거실**, **사무실** 설치 ③ 주위 온도가 일정 상승률 이상이 되는 경우에 작동

정답 ③

제 2 과목

26 주요구조부가 내화구조인 4m 미만의 소방대상물의 제1종 정온식 스포트형 감지기의 설치 유효면적은?

교재 P.131

① $60m^2$
② $70m^2$
③ $80m^2$
④ $90m^2$

해설 **자동화재탐지설비의 부착높이 및 감지기 1개의 바닥면적**

(단위 : m^2)

부착높이 및 소방대상물의 구분		감지기의 종류						
		차동식 스포트형		보상식 스포트형		정온식 스포트형		
		1종	2종	1종	2종	특 종	1종	2종
4m 미만	주요구조부를 내화구조로 한 소방대상물 또는 그 부분	90	70	90	70	70	60	20
	기타구조의 소방대상물 또는 그 부분	50	40	50	40	40	30	15
4m 이상 8m 미만	주요구조부를 내화구조로 한 소방대상물 또는 그 부분	45	35	45	35	35	30	–
	기타구조의 소방대상물 또는 그 부분	30	25	30	25	25	15	–

공하성 기억법

차	보	정
97	97	762
54	54	43①
④③	④③	③3
3②	3②	②①

※ 동그라미로 표시한 것은 뒤에 5가 붙음

정답 ①

27 도통시험을 용이하게 하기 위한 감지기 회로의 배선방식은?

유사문제 21년 문42

① 송배선식
② 비접지 배선방식
③ 3선식 배선방식
④ 교차회로 배선방식

해설 **송배선식**

도통시험(선로의 정상연결 여부 확인)을 원활히 하기 위한 배선방식

정답 ①

28 비화재보의 원인과 대책으로 옳지 않은 것은?

① 원인 : 천장형 온풍기에 밀접하게 설치된 경우
대책 : 기류흐름 방향 외 이격·설치
② 원인 : 담배연기로 인한 연기감지기 동작
대책 : 흡연구역에 환풍기 등 설치
③ 원인 : 청소불량(먼지·분진)에 의한 감지기 오동작
대책 : 내부 먼지 제거 후 복구스위치 누름 또는 감지기 교체
④ 원인 : 주방에 비적응성 감지기가 설치된 경우
대책 : 적응성 감지기(차동식 감지기)로 교체

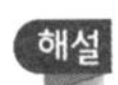

④ 차동식 → 정온식

비화재보의 원인과 대책

주요 원인	대 책
주방에 '**비적응성 감지기**'가 설치된 경우 보기 ④	적응성 감지기(정온식 감지기 등)로 교체
'**천장형 온풍기**'에 밀접하게 설치된 경우 보기 ①	기류흐름 방향 외 이격설치
담배연기로 인한 연기감지기 동작 보기 ②	흡연구역에 환풍기 등 설치
청소불량(먼지 · 분진)에 의한 감지기 오동작 보기 ③	내부 먼지 제거 후 복구스위치 누름 또는 감지기 교체

정답 ④

29 다음 중 소방교육 및 훈련의 원칙으로 옳은 것은?

유사문제 21년 문41

교재 PP.265-266

① 화재예방의 원칙
② 국가자격 취득의 목적
③ 실습의 원칙
④ 사고예방의 원칙

해설 **소방교육 및 훈련의 원칙**

원 칙	설 명
현실의 원칙	• **학습자**의 **능력**을 고려하지 않은 훈련은 비현실적이고 불완전하다.
학습자 중심의 원칙	• **한 번에 한 가지씩** 습득 가능한 분량을 교육 및 훈련시킨다. • **쉬운 것**에서 **어려운 것**으로 교육을 실시하되 기능적 이해에 비중을 둔다. • 학습자에게 감동이 있는 교육이 되어야 한다. 공하성 기억법 **학한**
동기부여의 원칙	• **교육**의 **중요성**을 **전달**해야 한다. • 학습을 위해 적절한 **스케줄**을 적절히 배정해야 한다. • 교육은 **시기적절**하게 이루어져야 한다. • 핵심사항에 **교육**의 포커스를 맞추어야 한다. • 학습에 대한 **보상**을 제공해야 한다. • 교육에 **재미**를 부여해야 한다. • 교육에 있어 **다양성**을 활용해야 한다. • 사회적 **상호작용**을 제공해야 한다. • **전문성**을 공유해야 한다. • **초기성공**에 대해 격려해야 한다.

원 칙	설 명
목적의 원칙	• 어떠한 **기술**을 어느 정도까지 익혀야 하는가를 명확하게 제시한다. • 습득하여야 할 **기술**이 활동 전체에서 어느 위치에 있는가를 인식하도록 한다.
실습의 원칙 보기 ③	• **실습**을 통해 지식을 습득한다. • **목적**을 생각하고, 적절한 **방법**으로 정확하게 하도록 한다.
경험의 원칙	• **경험**했던 사례를 들어 현실감 있게 하도록 한다.
관련성의 원칙	• 모든 교육 및 훈련 내용은 **실무적**인 **접목**과 **현장성**이 있어야 한다.

공하성 기억법 현학동 목실경관교

정답 ③

★★★
30 다음 중 3층인 노유자시설에 적합하지 않은 피난기구는?

유사문제 22년 문27 21년 문11 20년 문29
교재 P.152

① 미끄럼대
② 구조대
③ 피난교
④ 완강기

해설 **피난기구의 적응성**

설치장소별 구분 \ 층별	1층	2층	3층	4층 이상 10층 이하
노유자시설	• 미끄럼대 • 구조대 • 피난교 • 다수인 피난장비 • 승강식 피난기	• 미끄럼대 • 구조대 • 피난교 • 다수인 피난장비 • 승강식 피난기	• 미끄럼대 보기 ① • 구조대 보기 ② • 피난교 보기 ③ • 다수인 피난장비 • 승강식 피난기	• 구조대[1] • 피난교 • 다수인 피난장비 • 승강식 피난기
의료시설 · 입원실이 있는 의원 · 접골원 · 조산원	설치 제외	설치 제외	• 미끄럼대 • 구조대 • 피난교 • 피난용 트랩 • 다수인 피난장비 • 승강식 피난기	• 구조대 • 피난교 • 피난용 트랩 • 다수인 피난장비 • 승강식 피난기

층별 / 설치 장소별 구분	1층	2층	3층	4층 이상 10층 이하
영업장의 위치가 4층 이하인 다중이용업소	설치 제외	• 미끄럼대 • 피난사다리 • 구조대 • 완강기 • 다수인 피난장비 • 승강식 피난기	• 미끄럼대 • 피난사다리 • 구조대 • 완강기 • 다수인 피난장비 • 승강식 피난기	• 미끄럼대 • 피난사다리 • 구조대 • 완강기 • 다수인 피난장비 • 승강식 피난기
그 밖의 것	설치 제외	설치 제외	• 미끄럼대 • 피난사다리 • 구조대 • 완강기 • 피난교 • 피난용 트랩 • 간이완강기[2)] • 공기안전매트[2)] • 다수인 피난장비 • 승강식 피난기	• 피난사다리 • 구조대 • 완강기 • 피난교 • 간이완강기[2)] • 공기안전매트[2)] • 다수인 피난장비 • 승강식 피난기

㈜ 1) **구조대**의 적응성은 장애인관련시설로서 주된 사용자 중 스스로 피난이 불가한 자가 있는 경우 추가로 설치하는 경우에 한한다.
2) 간이완강기의 적응성은 **숙박시설**의 **3층 이상**에 있는 객실에, **공기안전매트**의 적응성은 **공동주택**에 추가로 설치하는 경우에 한한다.

정답 ④

31 객석통로의 직선부분의 길이가 70m인 경우 객석유도등의 최소 설치개수는?

교재 P.159

① 14개
② 15개
③ 16개
④ 17개

해설 **객석유도등 산정식**

$$\text{객석유도등 설치개수} = \frac{\text{객석통로의 직선부분의 길이[m]}}{4} - 1(\text{소수점 올림})$$

$$\therefore \frac{70}{4} - 1 = 16.5 ≒ 17\text{개}(\text{소수점 올림})$$

정답 ④

32 응급처치의 중요성이 아닌 것은?

유사문제 24년 문28
교재 P.277

① 지병의 예방과 치유　　② 환자의 고통을 경감
③ 치료기간 단축　　④ 긴급한 환자의 생명 유지

해설 응급처치의 중요성
(1) 긴급한 환자의 **생명 유지** 보기 ④
(2) 환자의 **고통**을 **경감** 보기 ②
(3) 위급한 부상부위의 응급처치로 **치료기간 단축** 보기 ③
(4) 현장처치의 원활화로 의료비 절감

정답 ①

33 다음 그림의 소화기를 점검하였다. 점검결과에 대한 내용으로 옳은 것은?

유사문제 23년 문15 22년 문44 21년 문31

교재 P.104, P.110

주의사항	
1. 매월 1회 이상 지시압력계의 바늘이 정상위치에 있는가를 확인 2. 소화기 설치시에는 태양의 직사 고온다습의 장소를 피한다. 3. 사용시에는 바람을 등지고 방사하고 사용 후에는 내부약제를 완전 방출하여야 한다. 4. 사람을 향하여 방사하지 마십시오. ※ 소화약제 물질 안전자료 관련정보(MSDS정보) ① 위험물질 정보(0.1% 초과시 목록) : 없음 ② 내용물의 5%를 초과하는 화학물질목록 : 제1인산암모늄, 석분 ③ 위험한 약제에 관한 정보 : 폐자극성 분진	
제조연월	2008.06

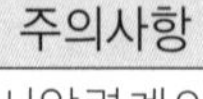

번 호	점검항목	점검결과
1-A-007	○ 지시압력계(녹색범위)의 적정 여부	㉠
1-A-008	○ 수동식 분말소화기 내용연수(10년) 적정 여부	㉡

설비명	점검항목	불량내용
소화설비	1-A-007	㉢
	1-A-008	

① ㉠ ×, ㉡ ○, ㉢ 약제량 부족
② ㉠ ○, ㉡ ○, ㉢ 없음
③ ㉠ ×, ㉡ ×, ㉢ 약제량 부족, 내용연수 초과
④ ㉠ ○, ㉡ ×, ㉢ 내용연수 초과

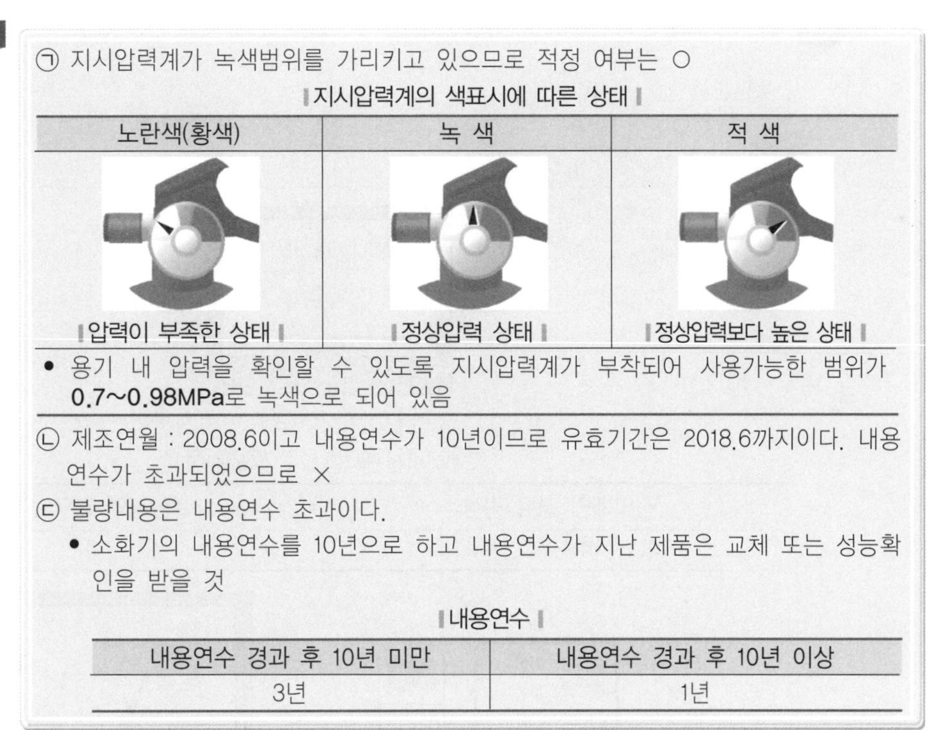

㉠ 지시압력계가 녹색범위를 가리키고 있으므로 적정 여부는 ○

‖ 지시압력계의 색표시에 따른 상태 ‖

노란색(황색)	녹 색	적 색
‖ 압력이 부족한 상태 ‖	‖ 정상압력 상태 ‖	‖ 정상압력보다 높은 상태 ‖

- 용기 내 압력을 확인할 수 있도록 지시압력계가 부착되어 사용가능한 범위가 0.7~0.98MPa로 녹색으로 되어 있음

㉡ 제조연월 : 2008.6이고 내용연수가 10년이므로 유효기간은 2018.6까지이다. 내용연수가 초과되었으므로 ×

㉢ 불량내용은 내용연수 초과이다.

- 소화기의 내용연수를 10년으로 하고 내용연수가 지난 제품은 교체 또는 성능확인을 받을 것

‖ 내용연수 ‖

내용연수 경과 후 10년 미만	내용연수 경과 후 10년 이상
3년	1년

정답 ④

34 P형 수신기 예비전원시험(전압계 방식)을 하기 위해 예비전원버튼을 눌렀을 때 전압계가 다음과 같이 지시하였다. 다음 중 옳은 설명은?

유사문제
24년 문26
24년 문31
22년 문28
21년 문32
21년 문37
20년 문38

교재
P.143

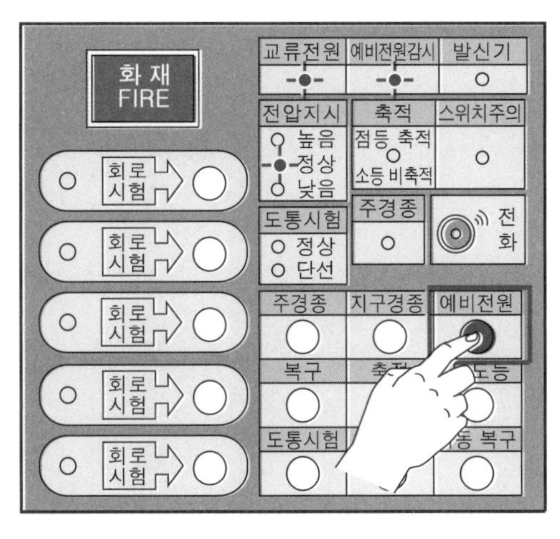

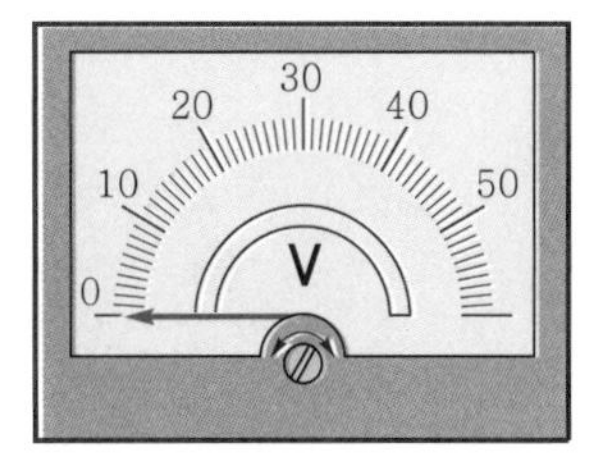

① 예비전원이 정상이다.
② 예비전원이 불량이다.
③ 교류전원을 점검하여야 한다.
④ 예비전원전압이 과도하게 높다.

① 정상 → 불량
③ 교류전원 → 예비전원
예비전원이 0V를 가리키고 있으므로 예비전원을 점검하여야 한다.
④ 높다 → 낮다

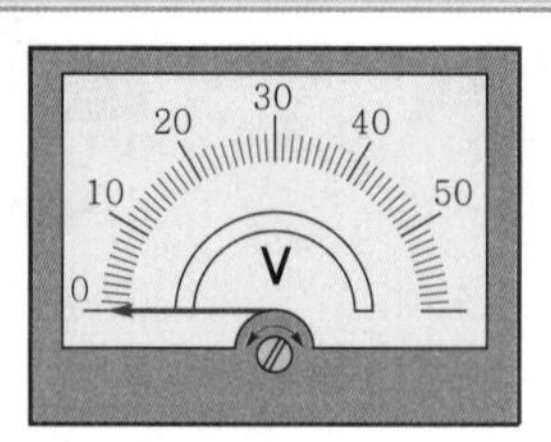

| 0V를 가리킴 |

| 예비전원시험 | 교재 P.143

전압계인 경우 정상	램프방식인 경우 정상
19~29V	녹색

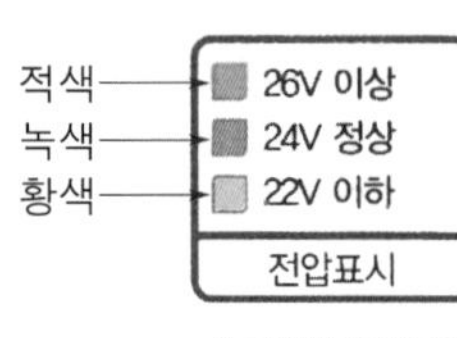

| 예비전원시험 |

| 24V를 가리킴 |

 ②

35 심폐소생술 가슴압박의 위치로 옳은 것은?

교재 P.285

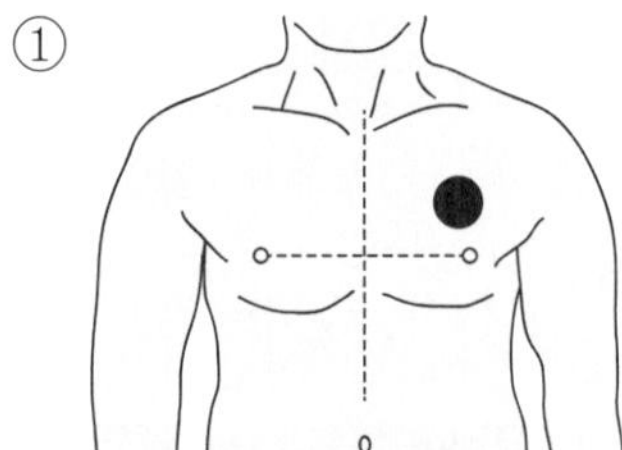

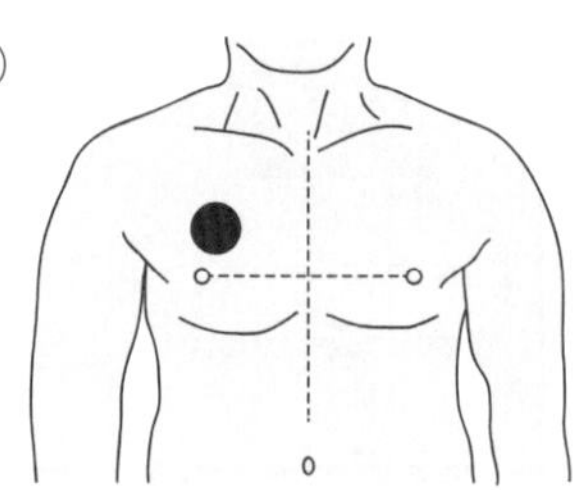

③
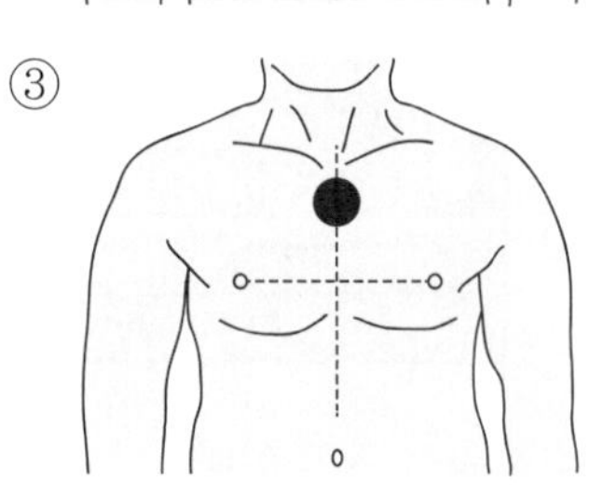

④
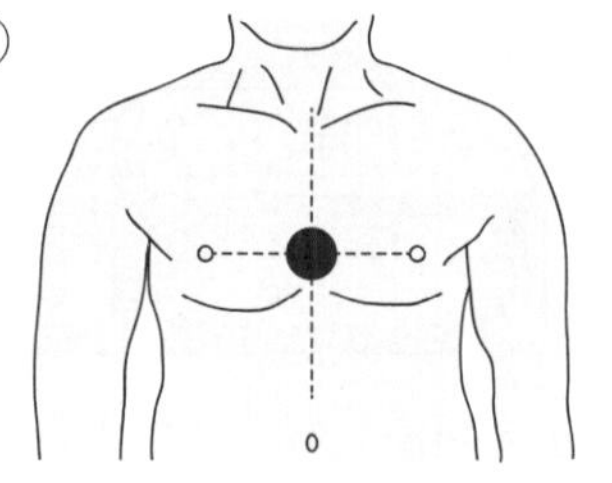

해설 성인의 가슴압박

(1) 환자의 **어깨**를 두드린다.
(2) 쓰러진 환자의 얼굴과 가슴을 10초 이내로 관찰하여 호흡이 있는지를 확인한다.
10초 이상 ×
(3) 구조자의 체중을 이용하여 압박
(4) 인공호흡에 자신이 없으면 가슴압박만 시행

구 분	설 명
속 도	분당 **100~120회**
깊 이	약 **5cm(소아 4~5cm)**

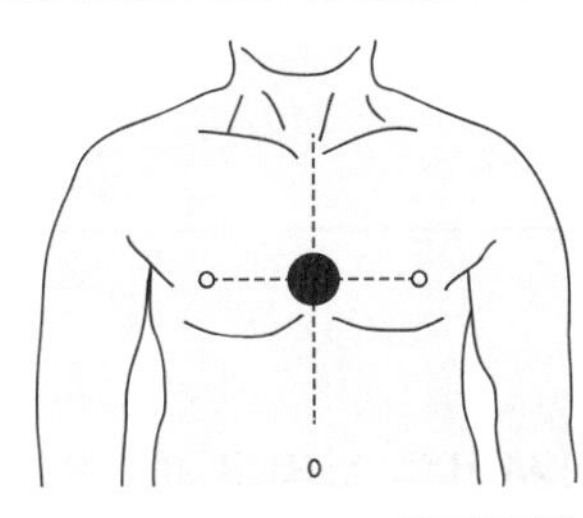

‖ 가슴압박 위치 ‖ 보기 ④

정답 ④

36 교재 P.303

김소방씨는 어느 건물에 자동화재탐지설비의 작동점검을 한 후 작동점검표에 점검결과를 다음과 같이 작성하였다. 점검항목에 '조작스위치가 정상위치에 있는지 여부'는 어떤 것을 확인하여 알 수 있었겠는가?

자동화재탐지설비 (양호○, 불량×, 해당없음/)

구 분	점검번호	점검항목	점검결과
수신기	15-B-002	● 조작스위치가 정상위치에 있는지 여부	○
	15-B-006	● 수신기 음향기구의 음량 · 음색 구별 가능 여부	○
감지기	15-D-009	● 감지기 변형 · 손상 확인 및 작동시험 적합 여부	○
전원	15-H-002	● 예비전원 성능 적정 및 상용전원 차단시 예비전원 자동전환 여부	×
배선	15-I-003	● 수신기 도통시험회로 정상 여부	○

① 회로단선 여부 확인
② 예비전원 및 예비전원감시등 확인
③ 교류전원감시등 확인
④ 스위치주의등 확인

해설 **작동점검표**

자동화재탐지설비 (양호○, 불량×, 해당없음/)

구 분	점검번호	점검항목	점검결과
수신기	15-B-002	● 조작스위치가 정상위치에 있는지 여부 스위치주의등 확인	○
	15-B-006	● 수신기 음향기구의 음량 · 음색 구별 가능 여부	○
감지기	15-D-009	● 감지기 변형 · 손상 확인 및 작동시험 적합 여부	○
전원	15-H-002	● 예비전원 성능 적정 및 상용전원 차단시 예비전원 예비전원 및 예비전원감시등 확인 자동전환 여부	×
배선	15-I-003	● 수신기 도통시험회로 정상 여부 회로단선 여부	○

정답 ④

★★★

37 수신기 점검시 1F 발신기를 눌렀을 때 건물 어디에서도 경종(음향장치)이 울리지 않았다. 이때 수신기의 스위치 상태로 옳은 것은?

유사문제 21년 문15

교재 p.137

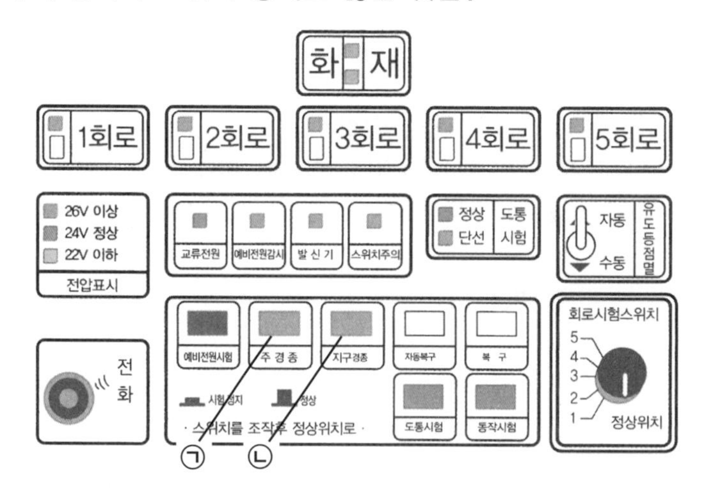

① ㉠ 스위치가 눌려 있다. ② ㉡ 스위치가 눌려 있다.
③ ㉠, ㉡ 스위치가 눌려 있다. ④ 스위치가 눌려있지 않다.

해설

③ ㉠ 주경종 정지스위치, ㉡ 지구경종 정지스위치를 누르면 경종(음향장치)이 울리지 않는다.

정답 ③

38 다음 소화기 점검 후 아래 점검 결과표의 작성(㉠~㉢순)으로 가장 적합한 것은?

소화기 점검사항		
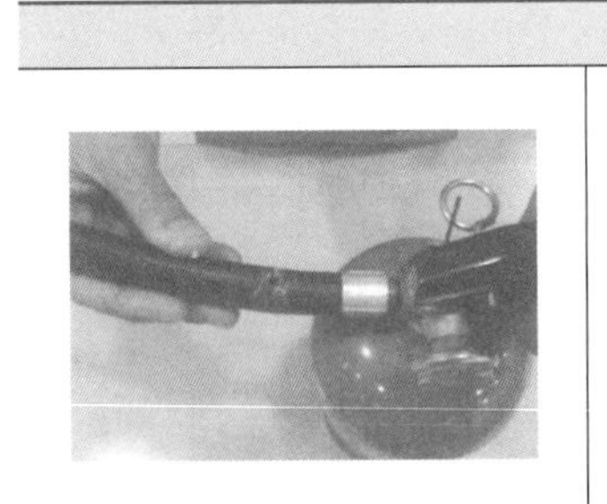	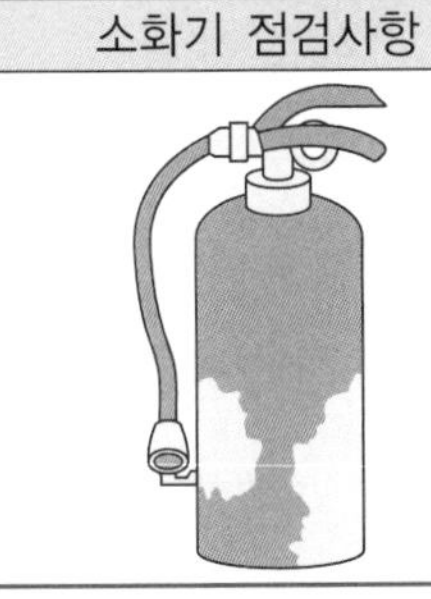	

번 호	점검항목	점검결과
1-A-006	○ 소화기의 변형손상 또는 부식 등 외관의 이상 여부	㉠
1-A-007	○ 지시압력계(녹색범위)의 적정 여부	㉡

설비명	점검항목	불량내용
소화설비	1-A-007	㉢
	1-A-008	

① ㉠ ○, ㉡ ×, ㉢ 약제량 부족
② ㉠ ○, ㉡ ×, ㉢ 외관부식, 호스파손
③ ㉠ ×, ㉡ ○, ㉢ 외관부식, 호스파손
④ ㉠ ×, ㉡ ○, ㉢ 약제량 부족

해설

㉠ 호스가 파손되었고 소화기가 부식되었으므로 외관의 이상이 있기 때문에 ×
㉡ 지시압력계가 녹색범위를 가리키고 있으므로 적정 여부는 ○
㉢ 불량내용은 외관부식과 호스파손이다.
※ 양호 ○, 불량 ×로 표시하면 됨

정답 ③

39 옥내소화전 방수압력시험에 필요한 장비로 옳은 것은?

①
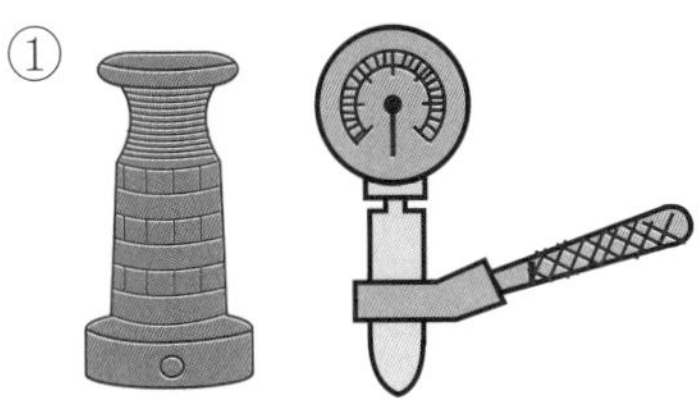

②
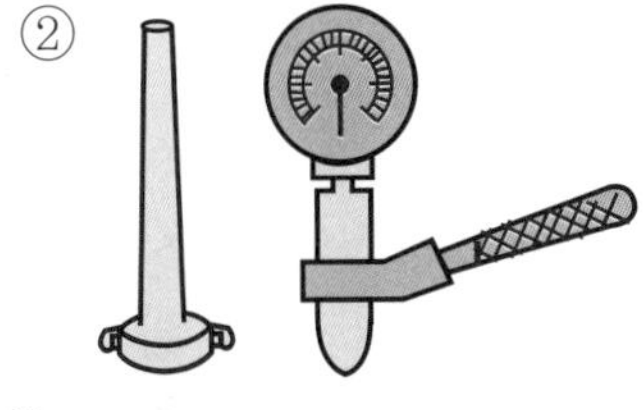

③
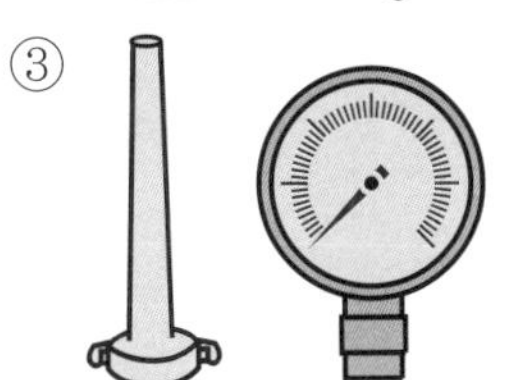

④
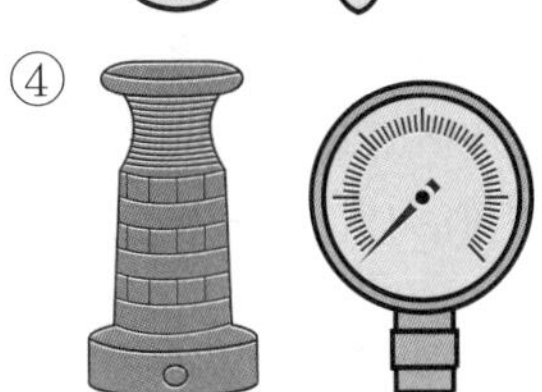

해설 **옥내소화전 방수압력 측정**

(1) 측정장치 : 방수압력측정계(피토게이지)

(2)

방수량	방수압력
130L/min	0.17~0.7MPa 이하

(3) 방수압력 측정방법 : 방수구에 호스를 결속한 상태로 노즐의 선단에 방수압력측정계(피토게이지)를 근접$\left(\frac{D}{2}\right)$시켜서 측정하고 방수압력측정계의 압력계상의 눈금을 확인한다.

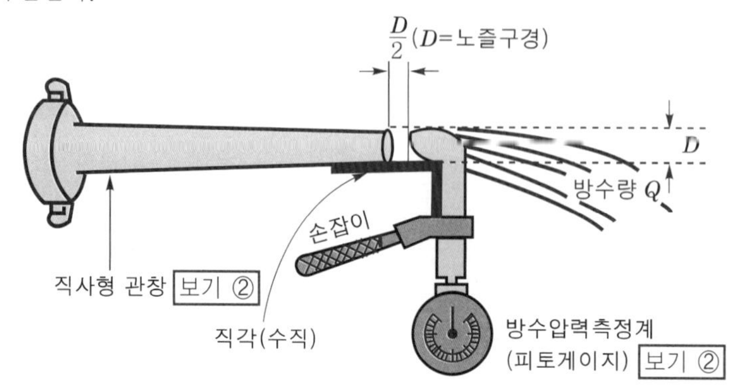

▌방수압력 측정▌

정답 ②

40 환자를 발견 후 그림과 같이 심폐소생술을 하고 있다. 이때 올바른 속도와 가슴압박 깊이로 옳은 것은?

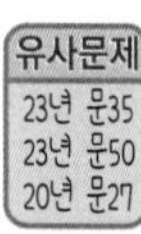

교재
P.285

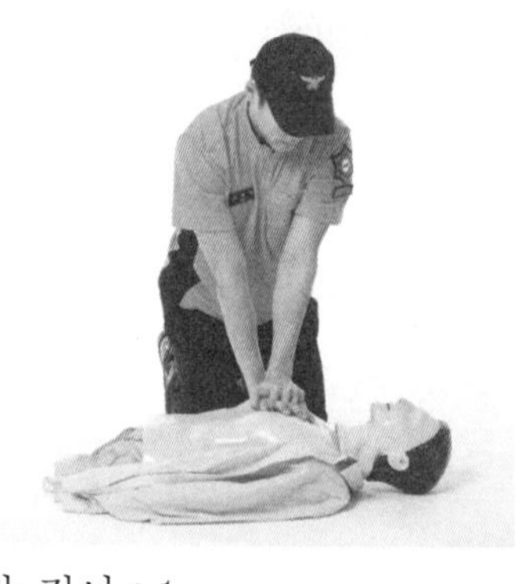

① 속도 : 40~60회/분, 압박 깊이 : 1cm
② 속도 : 40~60회/분, 압박 깊이 : 5cm
③ 속도 : 100~120회/분, 압박 깊이 : 1cm
④ 속도 : 100~120회/분, 압박 깊이 : 5cm

해설 성인의 가슴압박

(1) 환자의 **어깨**를 두드린다.

(2) 쓰러진 환자의 얼굴과 가슴을 10초 이내로 관찰하여 호흡이 있는지를 확인한다.
10초 이상 ×

(3) 구조자의 체중을 이용하여 압박한다.

(4) 인공호흡에 자신이 없으면 가슴압박만 시행한다.

구 분	설 명 보기 ④
속 도	분당 **100~120회**
깊 이	약 **5cm(소아 4~5cm)**

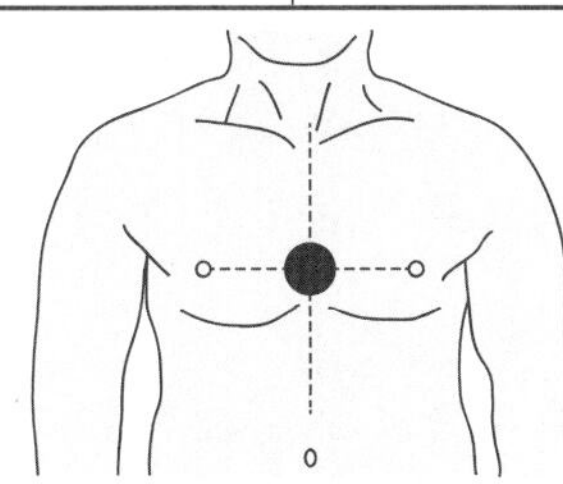

▮가슴압박 위치▮

정답 ④

41 그림의 수신기가 비화재보인 경우, 화재를 복구하는 순서로 옳은 것은?

화 재 FIRE
교류전원 | 예비전원감시 | 발신기
전압지시: 높음, 정상, 낮음
축적: 점등 축적, 소등 비축적
스위치주의
주경종
전화
도통시험: 정상, 단선
회로 시험
주경종 | 지구경종 | 예비전원
복구 | 축적 | 유도등
도통시험 | 화재시험 | 자동 복구

㉠ 수신기 확인
㉡ 수신반 복구
㉢ 음향장치 정지
㉣ 실제 화재 여부 확인
㉤ 발신기 복구
㉥ 음향장치 복구

① ㉠－㉣－㉢－㉤－㉥－㉡
② ㉠－㉣－㉢－㉤－㉡－㉥
③ ㉣－㉠－㉤－㉢－㉡－㉥
④ ㉣－㉠－㉢－㉤－㉡－㉥

해설 비화재보 복구순서

㉠ 수신기 확인－㉣ 실제 화재 여부 확인－㉢ 음향장치 정지－㉤ 발신기 복구－㉡ 수신반 복구－㉥ 음향장치 복구－스위치주의등 확인

정답 ②

★★★
42 다음 그림의 축압식 분말소화기 지시압력계에 대한 설명으로 옳은 것은?

유사문제
23년 문38
22년 문09
20년 문33

교재
P.110

① 압력이 부족한 상태이다.
② 압력이 0.7MPa을 가리키게 되면 소화기를 교체하여야 한다.
③ 지시압력이 0.7~0.98MPa에 위치하고 있으므로 정상이다.
④ 소화약제를 정상적으로 방출하기 어려울 것으로 보인다.

해설

① 부족한 상태 → 정상상태
② 0.7MPa → 0.7~0.98MPa, 교체하여야 한다. → 교체하지 않아도 된다.
③ 용기 내 압력을 확인할 수 있도록 지시압력계가 부착되어 사용 가능한 범위가 0.7~0.98MPa로 녹색으로 되어 있음
④ 어려울 것으로 보인다. → 용이한 상태이다.

지시압력계

(1) 노란색(황색) : 압력부족
(2) 녹색 : 정상압력
(3) 적색 : 정상압력 초과

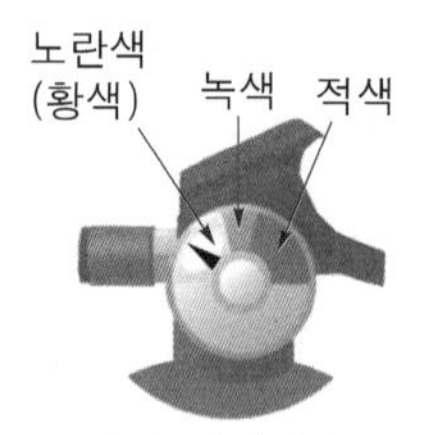

‖ 소화기 지시압력계 ‖

‖ 지시압력계의 색표시에 따른 상태 ‖

노란색(황색)	녹 색	적 색
‖ 압력이 부족한 상태 ‖	‖ 정상압력 상태 ‖	‖ 정상압력보다 높은 상태 ‖

정답 ③

43 종합점검 중 주펌프 성능시험을 위하여 주펌프만 수동으로 기동하려고 한다. 감시 제어반의 스위치 상태로 옳은 것은?

유사문제
23년 문46
23년 문49
22년 문37
교재
p.120

① 선택스위치 주펌프 충압펌프
수동 정지 연동 기동 정지

② 선택스위치 주펌프 충압펌프
수동 정지 연동 기동 정지

③ 선택스위치 주펌프 충압펌프
수동 정지 연동 기동 정지

④ 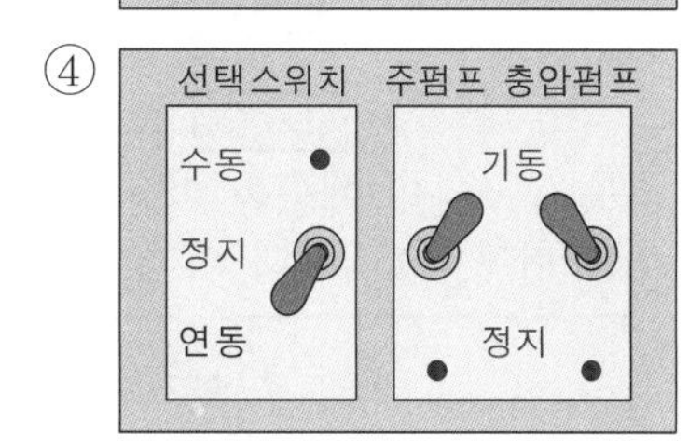

해설 **점등램프**

주펌프만 수동으로 기동 보기 ①	충압펌프만 수동으로 기동	주펌프 · 충압펌프 수동으로 기동
① 선택스위치 : 수동 ② 주펌프 : 기동 ③ 충압펌프 : 정지	① 선택스위치 : 수동 ② 주펌프 : 정지 ③ 충압펌프 : 기동	① 선택스위치 : 수동 ② 주펌프 : 기동 ③ 충압펌프 : 기동

정답 ①

성인심폐소생술의 가슴압박에 대한 설명으로 옳지 않은 것은?

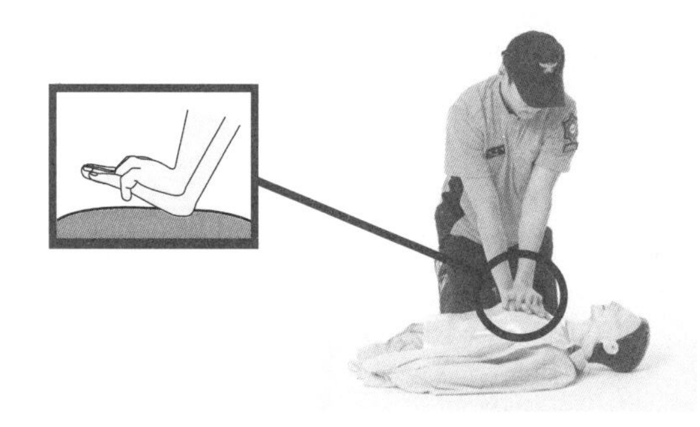

① 환자를 바닥이 단단하고 평평한 곳에 등을 대고 눕힌다.
② 가슴압박시 가슴뼈(흉골) 위쪽의 절반 부위에 깍지를 낀 두 손의 손바닥 뒤꿈치를 댄다.
③ 구조자는 양팔을 쭉 편 상태로 체중을 실어서 환자의 몸과 수직이 되도록 가슴을 압박한다.
④ 100~120회/분의 속도로 환자의 가슴이 약 5cm 깊이로 눌릴 수 있게 압박한다.

기출문제 2023

해설

② 위쪽 → 아래쪽

일반인 심폐소생술 시행방법

(1) 환자의 **어깨**를 두드린다.
(2) 쓰러진 환자의 얼굴과 가슴을 10초 이내로 관찰하여 호흡이 있는지를 확인한다.
10초 이상 ×
(3) 환자를 바닥이 단단하고 **평평한 곳**에 등을 대고 눕힌다. 보기 ①
(4) 가슴압박시 가슴뼈(흉골) **아래쪽**의 절반 부위에 깍지를 낀 두 손의 손바닥 뒤꿈치를 댄다. 보기 ②
(5) 구조자는 양팔을 쭉 편 상태로 체중을 실어서 환자의 몸과 **수직**이 되도록 가슴을 압박한다. 보기 ③
(6) 구조자의 체중을 이용하여 압박한다.
(7) 인공호흡에 자신이 없으면 가슴압박만 시행한다.

구 분	설 명 보기 ④
속 도	분당 **100~120회**
깊 이	약 **5cm(소아 4~5cm)**

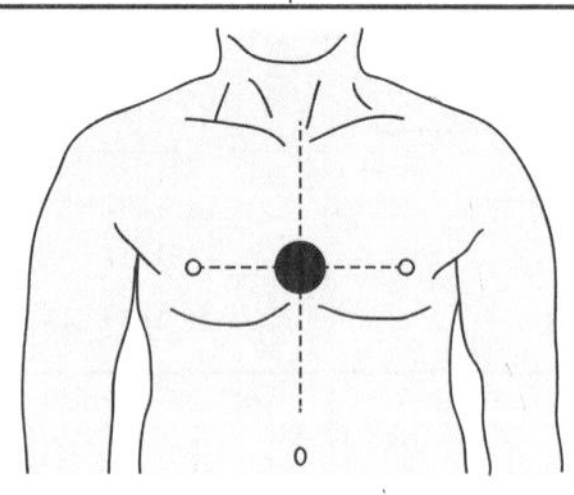

‖ 가슴압박 위치 ‖

정답 ②

★★★
45 그림과 같이 감지기 점검시 점등되는 표시등으로 옳은 것은?

유사문제 21년 문47 22년 문35
교재 PP.136-137

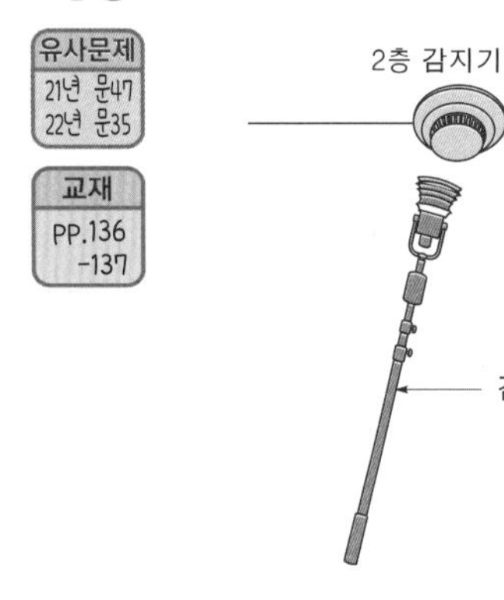

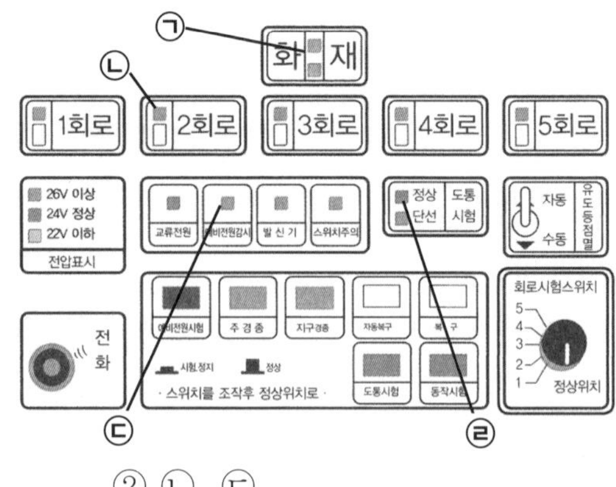

① ㉠, ㉡
② ㉡, ㉢
② ㉡, ㉣
④ ㉠, ㉡, ㉢, ㉣

해설

왼쪽그림은 2층 감지기 동작시험을 하는 그림이다.
2층 감지기가 동작되면 ㉠ 화재표시등, ㉡ 2층 지구표시등이 점등된다.

정답 ①

★★★

46

화재발생시 옥내소화전을 사용하여 충압펌프가 작동하였다. 다음 그림을 보고 표시등(㉠~㉤) 중 점등되는 것을 모두 고른 것은? (단, 설비는 정상상태이며 제시된 조선을 제외하고 나머지 조건은 무시한다.)

유사문제
24년 문33
24년 문41
23년 문49
22년 문37
22년 문41
22년 문45
21년 문34
21년 문39
21년 문44
20년 문34
20년 문40
20년 문44

실무교재 P.81

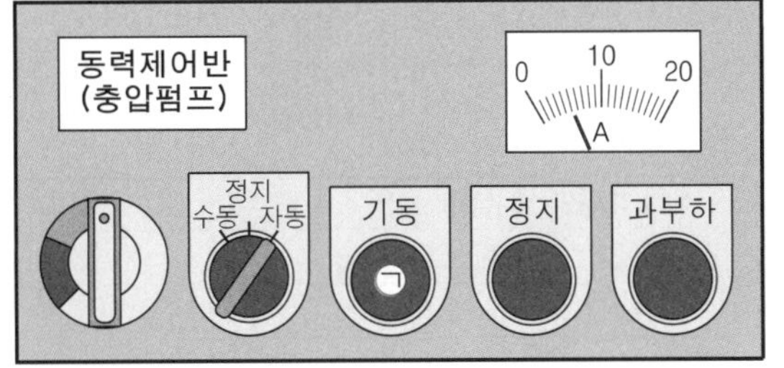

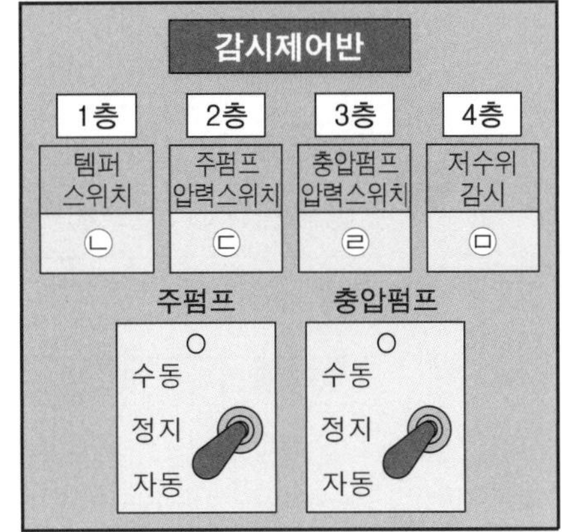

① ㉠, ㉡, ㉢
② ㉠, ㉢, ㉣
③ ㉠, ㉣
④ ㉠, ㉣, ㉤

해설

③ 충압펌프가 작동되었으므로 동력제어반 기동램프 점등 보기 ㉠, 감시제어반에서 충압펌프 압력스위치 램프 점등 보기 ㉣

충압펌프 작동	주펌프 작동
① 동력제어반 기동램프 : 점등 ② 감시제어반 충압펌프 압력스위치 램프 : 점등	① 동력제어반 기동램프 : 점등 ② 감시제어반 주펌프 압력스위치램프 : 점등

정답 ③

47 다음 분말소화기의 약제의 주성분은 무엇인가?

유사문제: 23년 문15, 22년 문09, 21년 문43
교재: p.103

① $NH_4H_2PO_4$　② $NaHCO_3$
③ $KHCO_3$　④ $KHCO_3+(NH_2)_2CO$

해설

① 적응화재가 ABC급이므로 제1인산암모늄($NH_4H_2PO_4$) 정답

분말소화기

‖소화약제 및 적응화재‖

적응화재	소화약제의 주성분	소화효과
BC급	탄산수소나트륨($NaHCO_3$)	• 질식효과 • 부촉매(억제)효과
	탄산수소칼륨($KHCO_3$)	
ABC급	제1인산암모늄($NH_4H_2PO_4$)	
BC급	탄산수소칼륨($KHCO_3$)+요소($(NH_2)_2CO$)	

정답 ①

48 그림은 일반인 구조자에 대한 기본소생술 흐름도이다. 빈칸의 내용으로 옳은 것은?

유사문제: 21년 문35
교재: p.289

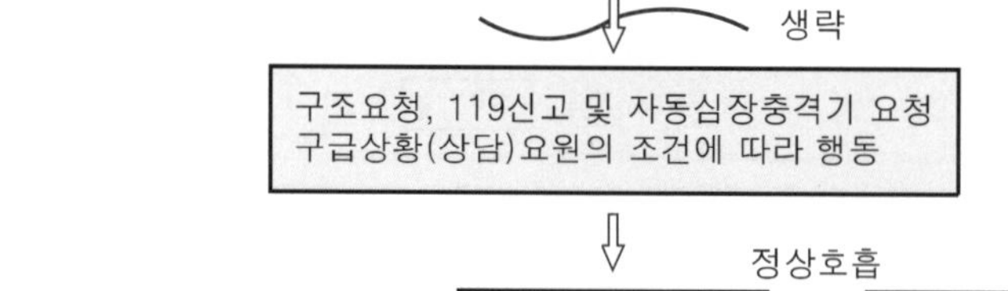

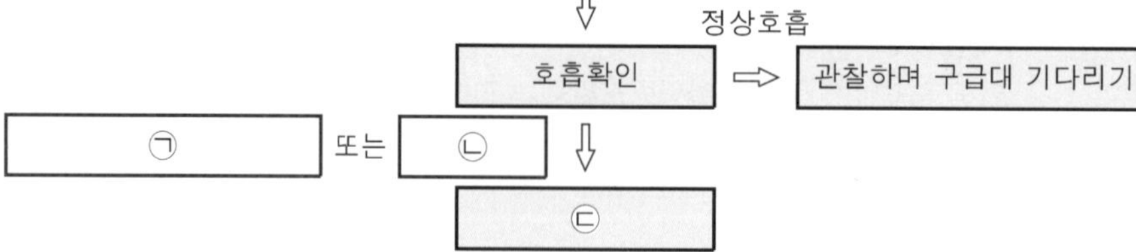

① ㉠ : 무호흡, ㉡ : 비정상호흡, ㉢ : 가슴압박소생술
② ㉠ : 무호흡, ㉡ : 정상호흡, ㉢ : 인공호흡
③ ㉠ : 무호흡, ㉡ : 정상호흡, ㉢ : 가슴압박소생술
④ ㉠ : 무호흡, ㉡ : 비정상호흡, ㉢ : 인공호흡

해설 일반인 구조자에 대한 기본소생술 흐름도

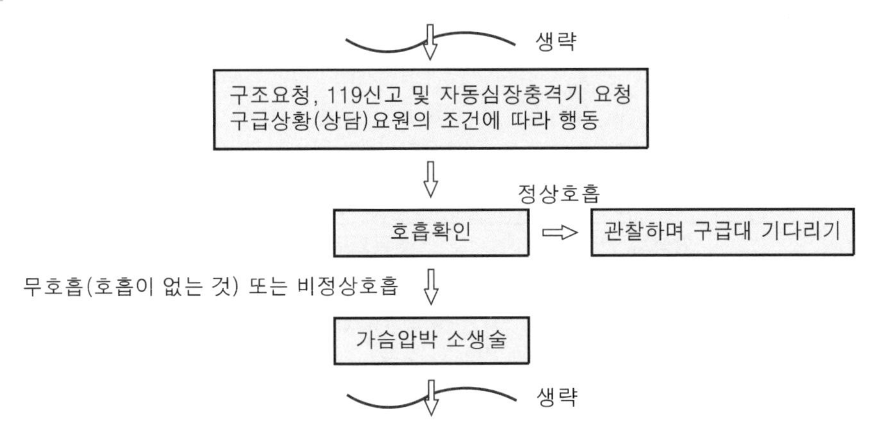

정답 ①

49 다음 감시제어반 및 동력제어반의 스위치 위치를 보고 정상위치(평상시 상태)가 아닌 것을 고르시오. (단, 설비는 정상상태이며 상기 조건을 제외하고 나머지 조건은 무시한다.)

유사문제: 23년 문46, 22년 문37, 22년 문41, 22년 문45
교재: PP.119-120

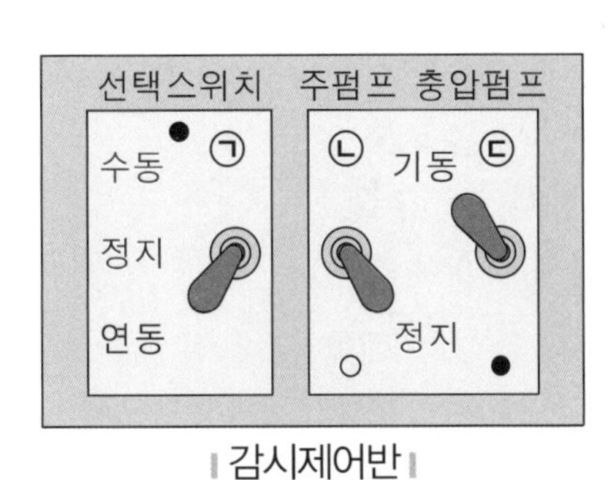

| 감시제어반 |

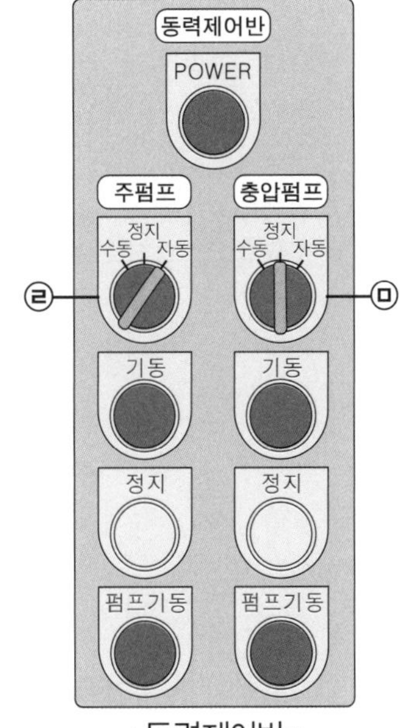

| 동력제어반 |

① ㉠, ㉡
② ㉡, ㉢
③ ㉣, ㉤
④ ㉢, ㉤

해설

‖ 감시제어반 ‖

평상시 상태	수동기동시 상태	점검시 상태
① 선택스위치 : 연동 ② 주펌프 : 정지 ③ 충압펌프 : 정지	① 선택스위치 : 수동 ② 주펌프 : 기동 ③ 충압펌프 : 기동	① 선택스위치 : 정지 ② 주펌프 : 정지 ③ 충압펌프 : 정지

‖ 동력제어반 ‖

평상시 상태	수동기동시 상태	점검시 상태
① POWER : 점등 ② 선택스위치 : 자동 ③ 기동램프 : 소등 ④ 정지램프 : 점등 ⑤ 펌프기동램프 : 소등	① POWER : 점등 ② 선택스위치 : 수동 ③ 기동램프 : 점등 ④ 정지램프 : 소등 ⑤ 펌프기동램프 : 점등	① POWER : 점등 ② 선택스위치 : 정지 ③ 기동램프 : 소등 ④ 정지램프 : 점등 ⑤ 펌프기동램프 : 소등

정답 ④

★★

50 다음 응급처치요령 중 빈칸의 내용으로 옳은 것은?

유사문제
24년 문40
23년 문35
23년 문40
22년 문34
22년 문43
22년 문46
22년 문49
21년 문31
21년 문40
21년 문50
20년 문27
20년 문37
20년 문49

교재
P.285, P.287

□ 가슴압박
- 위치 : 환자의 가슴뼈(흉골)의 아래쪽 절반부위
- 자세 : 양팔을 쭉 편 상태로 체중을 실어서 환자의 몸과 수직이 되도록 가슴을 압박하고, 압박된 가슴은 완전히 이완되도록 한다.
- 속도 및 깊이 : 소아를 기준으로 속도는 (㉠)회/분, 깊이는 약(㉡)cm

□ 자동심장충격기(AED) 사용
- 자동심장충격기의 전원을 켜고 환자의 상체에 패드를 부착한다.
  • 부착위치 : (㉢) 아래, (㉣) 젖꼭지 아래의 중간 겨드랑선
- "분석 중..."이라는 음성 지시가 나오면, 심폐소생술을 멈추고 환자에게서 손을 뗀다. (이하 생략)

① ㉠ 80~100, ㉡ 5~6, ㉢ 왼쪽 빗장뼈, ㉣ 오른쪽
② ㉠ 100~120, ㉡ 4~5, ㉢ 오른쪽 빗장뼈, ㉣ 왼쪽
③ ㉠ 90~100, ㉡ 1~2, ㉢ 오른쪽 빗장뼈, ㉣ 왼쪽
④ ㉠ 100~120, ㉡ 4~5, ㉢ 왼쪽 빗장뼈, ㉣ 오른쪽

해설 (1) **성인의 가슴압박**

① 환자의 **어깨**를 두드린다.
② 쓰러진 환자의 얼굴과 가슴을 10초 이내로 관찰하여 호흡이 있는지를 확인한다.
10초 이상 ×
③ 구조자의 체중을 이용하여 압박
④ 인공호흡에 자신이 없으면 가슴압박만 시행

구 분	설 명
속 도	분당 **100~120회** 보기 ㉠
깊 이	약 **5cm(소아 4~5cm)** 보기 ㉡

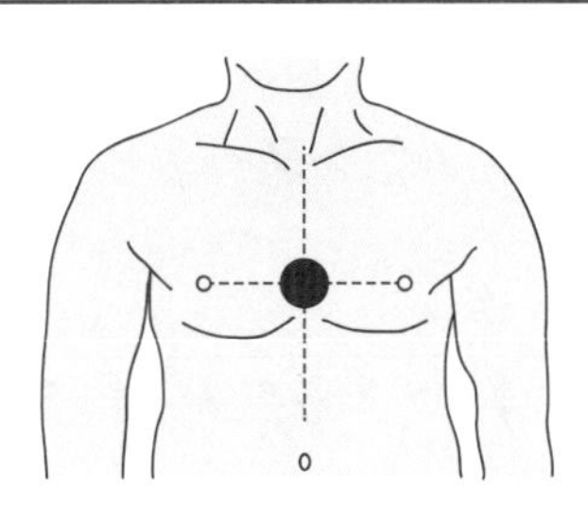

▌가슴압박 위치▐

(2) **자동심장충격기(AED) 사용방법**

① 자동심장충격기를 심폐소생술에 방해가 되지 않는 위치에 놓은 뒤 전원버튼을 누른다.

② 환자의 상체를 노출시킨 다음 패드 포장을 열고 2개의 패드를 환자의 가슴에 붙인다.

③ 패드는 **왼쪽 젖꼭지 아래의 중간 겨드랑선**에 설치하고 **오른쪽 빗장뼈**(쇄골) 바로 **아래**에 붙인다. 보기 ㉢, ㉣

▌패드의 부착위치▐

패드 1	패드 2
오른쪽 빗장뼈(쇄골) 바로 아래	왼쪽 젖꼭지 아래의 중간 겨드랑선

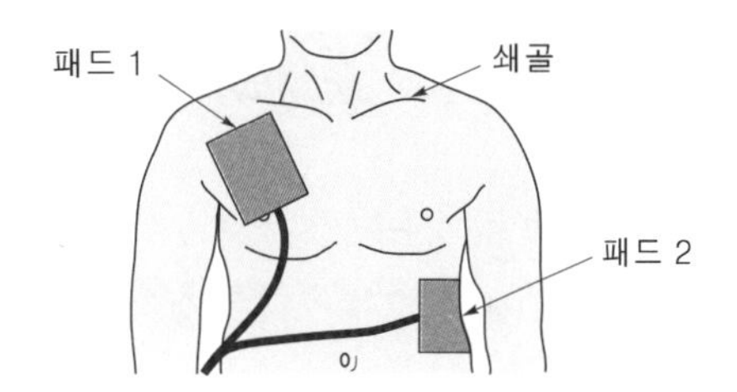

▌패드 위치▐

④ 심장충격이 필요한 환자인 경우에만 제세동버튼이 깜박이기 시작하며, 깜박일 때 심장충격버튼을 눌러 심장충격을 시행한다.

⑤ 심장충격버튼을 누르기 전에는 반드시 주변사람 및 구조자가 환자에게서 떨어져 있는지 다시 한 번 확인한 후에 실시하도록 한다.
누른 후에는 ×

⑥ 심장충격이 필요 없거나 심장충격을 실시한 이후에는 즉시 **심폐소생술**을 다시 시작한다.

⑦ **2분**마다 심장리듬을 분석한 후 반복 시행한다.

정답 ②

건강을 지켜줄 10가지 수칙

1. 감사하는 마음으로 산다.
   - 세상의 아름다움을 새삼 깨닫게 됩니다.

2. 긍정적으로 세상을 본다.
   - 낙관은 낙관을 부르고 비관은 비관을 부릅니다.

3. 원칙대로 정직하게 산다.
   - 지금 당장은 힘들더라도 자신에게 떳떳할 수 있음이 마음의 평안과 건강을 가져다 줍니다.

4. 상대의 입장에서 생각해 본다.
   - 마음의 폭이 넓어지고 풍요로워집니다.

5. 때로는 손해볼 줄도 알아야 한다.
   - 우선 내 마음이 편하고, 언젠가는 반드시 되돌아오게 됩니다.

6. 반가운 마음이 담긴 인사를 한다.
   - 마음이 따뜻해지고 세상이 환해집니다.

7. 일부러라도 웃는 표정을 짓는다.
   - 웃는 표정만으로도 서로 기분이 밝아집니다.

8. 누구라도 칭찬한다.
   - 상대방의 기쁨이 내 기쁨이 됩니다.

9. 약속시간엔 여유있게 가서 기다린다.
   - 시간의 여유가 마음의 여유를 줍니다.

10. 하루 세끼, 맛있게 천천히 먹는다.
    - 건강의 기본이요, 즐거움의 샘입니다.

2022년 기출문제

제 1 과목

01 다음은 무창층에 대한 설명이다. (　)에 들어갈 내용으로 옳은 것은?

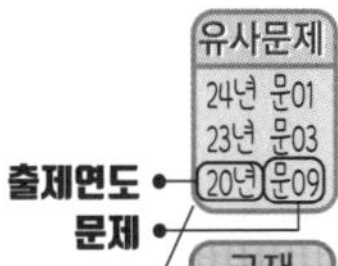

> 지상층 중 다음 요건을 모두 갖춘 개구부면적의 합계가 해당층의 바닥면적 (㉠) 이하가 되는 층
> - 크기는 지름 (㉡) 이상의 원이 통과할 수 있을 것
> - 해당층의 바닥면으로부터 개구부 밑부분까지의 높이가 (㉢) 이내일 것

① ㉠ 1/20, ㉡ 40cm, ㉢ 1.1m　② ㉠ 1/30, ㉡ 50cm, ㉢ 1.2m
③ ㉠ 1/40, ㉡ 60cm, ㉢ 1.3m　④ ㉠ 1/50, ㉡ 70cm, ㉢ 1.4m

해설 **무창층**

지상층 중 다음에 해당하는 개구부면적의 합계가 그 층의 바닥면적의 $\frac{1}{30}$ 이하가 되는 층을 말한다. 보기 ㉠

(1) 크기는 지름 **50cm 이상**의 원이 통과할 수 있을 것 보기 ㉡
(2) 해당층의 바닥면으로부터 개구부 밑부분까지의 높이가 **1.2m 이내**일 것 보기 ㉢
(3) **도로** 또는 **차량**이 진입할 수 있는 **빈터**를 향할 것
(4) 화재시 건축물로부터 쉽게 **피난**할 수 있도록 개구부에 **창살**이나 그 밖의 장애물이 설치되지 않을 것
(5) 내부 또는 외부에서 **쉽게 부수거나 열** 수 있을 것

정답 ②

02 화재의 분류 중 옳지 않은 것은?

① A급 화재 – 목재
② B급 화재 – 식용유
③ C급 화재 – 전류가 흐르고 있는 전기기기
④ D급 화재 – 알루미늄

② B급 화재 → K급 화재

화재의 종류

종 류	적응물질	소화약제
일반화재(A급)	• 보통가연물(폴리에틸렌 등) • 종이 • 목재, 면화류, 석탄 보기 ① • **재를 남김**	① 물 ② 수용액
유류화재(B급)	• 유류 • 알코올 • **재를 남기지 않음**	① 포(폼)
전기화재(C급)	• 변압기 • 배전반 • 전류가 흐르고 있는 전기기기 보기 ③	① 이산화탄소 ② 분말소화약제 ③ 주수소화 금지
금속화재(D급)	• 가연성 금속류(나트륨, 알루미늄 등) 보기 ④	① 금속화재용 분말소화약제 ② 건조사(마른 모래)
주방화재(K급)	• 식용유 보기 ② • 동・식물성 유지	① 강화액

정답 ②

★★★

03 가스누설경보기의 설치위치로 옳지 않은 것은?

유사문제 24년 문17 23년 문11 22년 문15 21년 문10 20년 문08

교재 P.92

① 증기비중이 1보다 큰 가스의 경우 연소기 또는 관통부로부터 수평거리 4m 이내의 위치에 설치

② 증기비중이 1보다 큰 가스의 경우 탐지기의 상단은 바닥면의 상방 30cm 이내의 위치에 설치

③ 증기비중이 1보다 작은 가스의 경우 연소기로부터 수평거리 4m 이내의 위치에 설치

④ 증기비중이 1보다 작은 가스의 경우 탐지기의 하단은 천장면의 하방 30cm 이내의 위치에 설치

해설

③ 4m → 8m

LPG vs LNG

구 분	LPG	LNG
주성분	• 프로판 • 부탄	• 메탄
용 도	• 가정용 • 공업용 • 자동차연료용	• 도시가스
증기비중	• 1보다 큰 가스 보기 ①②	• 1보다 작은 가스 보기 ③④

구 분	LPG	LNG
비 중	• 1.5~2	• 0.6
탐지기의 위치	• 탐지기의 **상단**은 **바닥면**의 **상방** **30cm** 이내에 설치 보기 ②	• 탐지기의 **하단**은 **천장면**의 **하방** **30cm** 이내에 설치 보기 ④
가스누설경보기의 위치	• 연소기 또는 관통부로부터 **수평거리 4m** 이내에 설치 보기 ①	• 연소기로부터 **수평거리 8m** 이내에 설치 보기 ③

정답 ③

★

04 피난시설, 방화구획 또는 방화시설의 폐쇄 · 훼손 · 변경 등의 행위를 1차 위반하였을 때 과태료 금액은?

유사문제 21년 문21
교재 P.45

① 100만원
② 200만원
③ 300만원
④ 400만원

과태료 부과기준
피난시설, 방화구획 또는 방화시설의 폐쇄 · 훼손 · 변경 등의 행위를 한 자

위반횟수	과태료
1차 위반	100만원
2차 위반	200만원
3차 이상 위반	300만원

정답 ①

★★★

05 판매시설의 바닥면적의 합이 750m²일 경우 이 장소에 분말소화기 1개의 소화능력단위가 A급 기준으로 2단위의 소화기로 설치하고자 한다. 다음 건물의 최소 소화기 개수는?

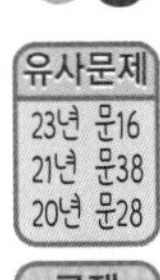

교재 P.106

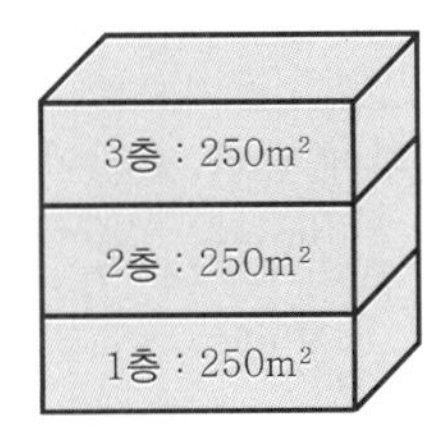

① 2개
② 3개
③ 6개
④ 9개

기출문제 2022

해설 **특정소방대상물별 소화기구의 능력단위기준**

특정소방대상물	소화기구의 능력단위	건축물의 주요구조부가 **내화구조**이고, 벽 및 반자의 실내에 면하는 부분이 **불연재료**·**준불연재료** 또는 **난연재료**로 된 특정소방대상물의 능력단위
• **위**락시설 공하성 기억법 위3(위상)	바닥면적 **30m²**마다 1단위 이상	바닥면적 **60m²**마다 1단위 이상
• **공연**장 • **집**회장 • **관람**장 및 **문**화재 • **의**료시설 및 **장**례식장 공하성 기억법 5공연장 문의 집관람 (손오공 연장 문의 집관람)	바닥면적 **50m²**마다 1단위 이상	바닥면적 **100m²**마다 1단위 이상
• **근**린생활시설 • **판**매시설 → • 운수시설 • **숙**박시설 • **노**유자시설 • **전**시장 • 공동**주**택(아파트 등) • **업**무시설(사무실 등) • **방**송통신시설 • 공장·**창**고시설 • **항**공기 및 자동**차**관련시설 및 **관광**휴게시설 공하성 기억법 근판숙노전 주업방차창 1항 관광(근판숙노전 주업방차창 일본항 관광)	**바닥면적 100m²마다 1단위 이상**	바닥면적 **200m²**마다 1단위 이상
• 그 밖의 것	바닥면적 **200m²**마다 1단위 이상	바닥면적 **400m²**마다 1단위 이상

판매시설로서 **주요구조부**에 대한 조건이 없으므로 바닥면적 100m²마다 1단위 이상

$$\text{판매시설} = \frac{\text{바닥면적}}{100\text{m}^2} = \frac{250\text{m}^2}{100\text{m}^2} = 2.5\text{단위}$$

2단위 소화기를 설치하므로

$$\frac{2.5\text{단위}}{2\text{단위}} = 1.25 ≒ 2\text{개}\ (\text{소수점 올림})$$

소화기개수$=2$개$\times 3$개층$=6$개

정답 ③

06 자동소화장치의 구성요소가 아닌 것은?

교재 P.113

① 소화약제저장용기　　② 탐지부
③ 제어반　　④ 약제흡입구

해설

④ 약제흡입구 → 약제방출구

자동소화장치의 구성요소

(1) 소화약제저장용기 보기 ①
(2) 탐지부 보기 ②
(3) 감지부(감지센서)
(4) 방출구(약제방출구) 보기 ④
약제흡입구 ×
(5) 제어반 보기 ③
(6) 수신부
(7) 가스누설차단밸브

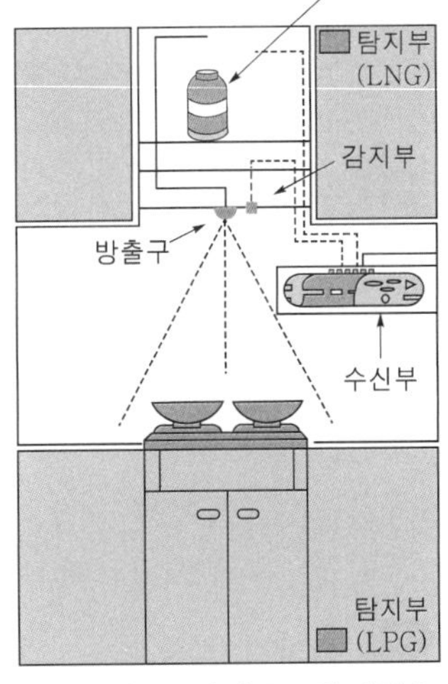

‖주거용 주방자동소화장치‖

정답 ④

07 다음 소방시설 중 피난구조설비에 속하는 것은?

유사문제 24년 문24

교재 PP.150-151

① 제연설비, 휴대용 비상조명등　　② 자동화재속보설비, 유도등
③ 비상방송설비, 비상벨설비　　④ 비상조명등, 유도등

해설

① 제연설비 : 소화활동설비
② 자동화재속보설비 : 경보설비
③ 비상방송설비, 비상벨설비 : 경보설비

피난구조설비

(1) 피난기구
① **피**난사다리
② **구**조대
③ **완**강기
④ 간이완강기
⑤ 미끄럼대
⑥ 다수인 피난장비
⑦ 승강식 피난기

공하성 기억법 피구완

(2) 인명구조기구
① **방열**복
② **방화**복(안전모, 보호장갑, 안전화 포함)
③ **공**기호흡기
④ **인**공소생기

공하성 기억법 방화열공인

(3) 유도등 · 유도표지 보기 ④
(4) 비상조명등 · 휴대용 비상조명등 보기 ④
(5) 피난유도선

정답 ④

★★★
08 화재의 종류에 따른 적응성이 있는 소화기로 옳은 것은?

유사문제 23년 문07 21년 문33 20년 문10
교재 PP.58-59, P.103

① A급 : 유류화재
② B급 : 전기화재
③ C급 : 금속화재
④ K급 : 주방화재

해설 소화기 적응성

구 분	화 재
A급	일반화재 보기 ①
B급	유류화재 보기 ②
C급	전기화재 보기 ③
D급	금속화재
K급	주방화재 보기 ④

정답 ④

★★
09 분말소화기에 대한 설명으로 옳은 것은?

유사문제 23년 문15 23년 문47 21년 문43
교재 PP.103-104

① BC급의 적응화재의 주성분은 제1인산암모늄이다.
② 소화효과는 질식, 부촉매(억제)이다.
③ 가압식 소화기는 본체 용기 내부에 가압용 가스용기가 별도로 설치되어 있으며 현재도 생산이 계속되고 있다.
④ 축압식 소화기는 지시압력계의 사용가능한 범위가 0.6~0.88MPa로 녹색으로 되어 있다.

해설

① BC급 → ABC급
③ 현재도 생산이 계속되고 있다. → 현재는 생산이 중단되었다.
④ 0.6~0.88MPa → 0.7~0.98MPa

분말소화기

(1) 소화약제 및 적응화재

적응화재	소화약제의 주성분	소화효과
BC급	탄산수소나트륨($NaHCO_3$)	• 질식효과 보기 ② • 부촉매(억제)효과 보기 ②
BC급	탄산수소칼륨($KHCO_3$)	
ABC급 보기 ①	제1인산암모늄($NH_4H_2PO_4$)	
BC급	탄산수소칼륨($KHCO_3$)+요소($(NH_2)_2CO$)	

(2) 구조

가압식 소화기	축압식 소화기
• 본체 용기 내부에 가압용 가스용기가 **별도**로 설치되어 있으며, 현재는 생산 중단 보기 ③	• 본체 용기 내에는 규정량의 소화약제와 **함께** 압력원인 **질소**가스가 충전되어 있음 • 용기 내 압력을 확인할 수 있도록 지시압력계가 부착되어 사용 가능한 범위가 **0.7~0.98MPa**로 **녹색**으로 되어 있음 보기 ④

정답 ②

★★★
10 이산화탄소소화기에 대한 설명으로 옳지 않은 것은?

교재 P.105

① 소화약제의 주성분은 액화탄산가스이다.
② 적응화재는 BC급이다.
③ 제거, 냉각 소화효과가 있다.
④ 밸브 본체에는 일정한 압력에서 작동하는 안전밸브가 장치되어 있다.

해설

③ 제거 → 질식

이산화탄소소화기

주성분	적응화재	소화효과
이산화탄소(CO_2) (=액화탄산가스) 보기 ①	BC급 보기 ②	① 질식효과 보기 ③ ② 냉각효과 보기 ③

• 밸브 본체에는 일정한 압력에서 작동하는 안전밸브가 장치되어 있다. 보기 ④

정답 ③

★★

11 피난기구의 종류 중 구조대에 대한 설명으로 옳은 것은?

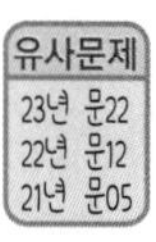

① 지지대 또는 단단한 물체에 걸어서 사용자의 몸무게에 의하여 자동적으로 내려올 수 있는 기구 중 사용자가 교대하여 연속적으로 사용할 수 없는 일회용의 것을 말한다.

② 화재시 건물의 창, 발코니 등에서 지상까지 포대를 사용하여 그 포대 속을 활강하는 피난기구이다.

③ 화재발생시 신속하게 지상으로 피난할 수 있도록 제조된 피난기구로서 장애인 복지시설, 노약자 수용시설 및 병원 등에 적합하다.

④ 화재시 2인 이상의 피난자가 동시에 해당층에서 지상 또는 피난층으로 하강하는 피난기구를 말한다.

① 간이완강기에 대한 설명
③ 미끄럼대에 대한 설명
④ 다수인 피난장비에 대한 설명

피난기구의 종류

구 분	설 명
피난사다리	건축물화재시 안전한 장소로 피난하기 위해서 건축물의 개구부에 설치하는 기구 ▎피난사다리 ▎
완강기	• 사용자의 몸무게에 의하여 자동적으로 내려올 수 있는 기구 중 사용자가 교대하여 **연속적**으로 **사용할 수 있는 것** 문제 12 • 구성 : **속도조절기**, **속도조절기의 연결부**, **로프**, **벨트**, **연결금속구**
간이완강기	사용자의 몸무게에 의하여 자동적으로 내려올 수 있는 기구 중 사용자가 **연속적**으로 **사용할 수 없는 것** 보기 ①
구조대	화재시 건물의 창, 발코니 등에서 지상까지 **포대**를 사용하여 그 포대 속을 활강하는 피난기구 보기 ② 공하성 기억법 **구포**(부산에 있는 **구포**)

구 분	설 명
피난교	건축물의 옥상층 또는 그 이하의 층에서 화재발생시 옆 건축물로 피난하기 위해 설치하는 피난기구
미끄럼대	화재발생시 신속하게 지상으로 피난할 수 있도록 제조된 피난기구로서 장애인 복지시설, 노약자 수용시설 및 병원 등에 적합하다. 보기 ③
다수인 피난장비	화재시 **2인 이상**의 피난자가 동시에 해당층에서 지상 또는 피난층으로 하강하는 피난기구를 말한다. 보기 ④

정답 ②

★★★
12 사용자의 몸무게에 의하여 자동적으로 내려올 수 있는 기구 중 사용자가 연속적으로 사용할 수 있는 것을 말하며, 속도조절기, 속도조절기의 연결부, 로프, 연결금속구, 벨트로 구성되어 있는 것은 무엇인가?

유사문제 23년 문22 22년 문11

교재 PP.150 -151

① 구조대
② 완강기
③ 간이완강기
④ 피난사다리

해설 **문제 11 참조**

정답 ②

★★★
13 방염처리물품의 성능검사를 할 때 선처리물품 실시기관으로 옳은 것은?

유사문제 24년 문20 23년 문14

교재 PP.37 -38

① 한국소방산업기술원
② 한국소방안전원
③ 시・도지사
④ 관할소방서장

해설 방염처리물품의 성능검사

구 분	선처리물품	현장처리물품
실시기관	한국소방산업기술원	시・도지사(관할소방서장)

정답 ①

기출문제 2022

★★
14 일반적으로 화재시의 골든타임은 몇 분 정도인가?

교재 P.172

① 1분 ② 3분
③ 5분 ④ 10분

골든타임

CPR(심폐소생술)	화재시
4~6분 이내	5분 보기 ③

공하성 기억법 C4(가수 씨스타), 5골화(오골계만 그리는 화가)

정답 ③

★★★
15 다음 중 연료가스의 종류와 특성으로 옳지 않은 것은?

유사문제 24년 문17 23년 문11 22년 문03 21년 문10 21년 문22 20년 문08

① LPG의 비중은 1.5~2이다.
② LPG의 주성분은 프로판, 부탄이다.
③ LNG의 용도는 도시가스로 쓰인다.
④ LNG의 폭발범위는 1.8~8.4%이다.

교재 P.90

④ 1.8~8.4% → 5~15%

LPG vs LNG

구 분	LPG	LNG
주성분	• 프로판 보기 ② • 부탄 보기 ②	• 메탄
폭발범위 (연소범위)	• 프로판 : 2.1~9.5% • 부탄 : 1.8~8.4%	• 5~15% 보기 ④
용 도	• 가정용 • 공업용 • 자동차연료용	• 도시가스 보기 ③
증기비중	• 1보다 큰 가스	• 1보다 작은 가스
비 중	• 1.5~2 보기 ①	• 0.6
탐지기의 위치	• 탐지기의 **상단**은 **바닥면**의 **상방 30cm** 이내에 설치	• 탐지기의 **하단**은 **천장면**의 **하방 30cm** 이내에 설치
가스누설경보기의 위치	• 연소기 또는 관통부로부터 **수평거리 4m** 이내에 설치	• 연소기로부터 **수평거리 8m** 이내에 설치
공기와 무게 비교	• 공기보다 무겁다.	• 공기보다 가볍다.

정답 ④

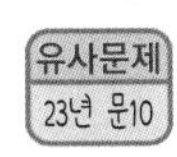

16 위험물안전관리법에서 정하는 용어의 정의 및 종류에 대한 설명 중 틀린 것은?

유사문제 23년 문10
교재 PP.84-85

① 유황의 지정수량은 100kg이다.
② 지정수량이란 위험물의 종류별로 위험성을 고려하여 대통령령이 정하는 수량으로서 제조소 등의 설치허가 등에 있어서 최고기준이 되는 수량이다.
③ 위험물이란 인화성 또는 발화성 등의 성질을 가지는 것으로서 대통령령이 정하는 물품이다.
④ 휘발유의 지정수량은 200L이다.

해설

② 최고기준 → 최저기준

지정수량
위험물의 종류별로 위험성을 고려하여 **대통령령**이 설치허가 등에 있어서 **최저기준**이 되는 수량을 말한다. 보기 ②

정답 ②

17 건물화재성상 중 성장기상태에서 나타나는 현상으로 옳은 것은?

유사문제 24년 문19 22년 문30 22년 문31 21년 문25
교재 PP.60-61

① 실내 전체에 화염이 충만하며, 연소가 최고조에 달한다.
② 내장재 등에 착화된 시점으로, 그 후 실내온도는 급격히 상승하며 이후 천장 부근에 축적된 가연성 가스가 착화되면 실내 전체가 화염에 휩싸이는 플래시오버상태로 된다.
③ 내화구조의 경우는 20~30분이 되면 최성기에 이르며 실내온도는 통상 800~1050℃에 달한다.
④ 목조건물은 타기 쉬운 가연물로 되어 있기 때문에 최성기까지 약 10분이 소요되며 이때의 실내온도는 1100~1350℃에 달한다.

해설 **성장기 vs 최성기**

성장기	최성기
• 실내 **전**체가 **화**염에 휩싸이는 **플**래시오버 상태 보기 ② 공하성 기억법 성전화플(화플! 와플!)	• 내화구조 : **20~30분**이 되면 최성기에 이르며, 실내온도는 **800~1050℃에 달함** 보기 ③ • 목조건물 : 최성기까지 약 **10분**이 소요되며 실내온도는 **1100~1350℃**에 달함 보기 ④ • 실내 전체에 **화염**이 충만해짐 • 연소 최고조 보기 ①

정답 ②

18 연소의 3요소 중 산소공급원에 해당되지 않는 것은?

유사문제 21년 문03
교재 P.53

① 공기
② 오존
③ 환원제
④ 지연성 가스

해설 **산소공급원**

(1) **공**기, 오존 등 보기 ①②
(2) **산**화제
(3) **자**기반응성 물질 : 지연성 가스 등 보기 ④

공하성 기억법 공산자

정답 ③

19 피난층에 대한 뜻이 옳은 것은?

유사문제 24년 문06
교재 P.34

① 곧바로 지상으로 갈 수 있는 출입구가 있는 층
② 건축물 중 지상 1층
③ 직접 지상으로 통하는 계단과 연결된 지상 2층 이상의 층
④ 옥상의 지하층으로서 옥상으로 직접 피난할 수 있는 층

해설 **피**난층

곧바로 지상으로 갈 수 있는 출입구가 있는 층 보기 ①

공하성 기억법 피곧(피곤)

정답 ①

20 자위소방대 및 초기대응체계 교육 · 훈련 실시결과기록부에 기재하는 사항이 아닌 것은?

교재 P.180

① 소방안전관리자의 성명
② 소방안전관리대상물의 등급
③ 소방안전관리자의 주소
④ 소방안전관리대상물의 소재지

해설

③ 해당없음

자위소방대 및 초기대응체계 교육 · 훈련 실시결과기록부 기재사항

(1) 작성일자
(2) 작성자
(3) 소방안전관리대상물(대상명, **등급**, **소재지**, 전화번호, 근무인원) 보기 ②④
(4) 소방안전관리자(**성명**, 선임일자, 보유자격, 자격구분, 연락처) 보기 ①
(5) 자위소방대(총원, 대장성명 등)
(6) 초기대응체계(조직구성, 총원 등)
(7) 교육 · 훈련결과

정답 ③

★
21 소방기본법 용어 정의 중 관계인이 아닌 것은?

유사문제 23년 문01

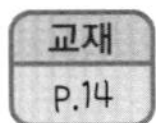
교재 P.14

① 소방대상물의 소유자
② 소방대상물의 관리자
③ 소방대상물의 점유자
④ 소방대상물의 관련자

해설 **관계인**
(1) 소방대상물의 **소유자**
(2) 소방대상물의 **관리자**
(3) 소방대상물의 **점유자**

공하성 기억법 소관점, 소관리(쓰가리 민물고기)

정답 ④

★
22 소방기본법의 소방대상물이 아닌 것은?

교재 P.14

① 건축물
② 차량
③ 산림
④ 운항 중인 선박

해설 **소방대상물**
(1) 건축물 보기 ①
(2) 차량 보기 ②
(3) 선박(항구에 **매어둔 선박**) 보기 ④
(4) 선박건조구조물
(5) 산림 보기 ③
(6) 인공구조물 또는 물건

정답 ④

★★★
23 다음 중 특급 소방안전관리대상물에 속하지 않는 것은?

유사문제 24년 문09 24년 문13 21년 문06

교재 P.19

① 아파트를 제외한 연면적이 10만m^2 이상인 특정소방대상물
② 지상으로부터 높이가 200m 이상인 아파트
③ 아파트를 제외한 지상으로부터 높이가 120m 이상인 특정소방대상물
④ 가연성 가스를 1000톤 이상 저장 · 취급하는 시설

해설 ④ 1급 소방안전관리대상물

기출문제 2022

소방안전관리자 및 소방안전관리보조자를 선임하는 특정소방대상물(특급 · 1급)

소방안전관리대상물	특정소방대상물
특급 소방안전관리대상물 (**동식물원, 철강 등 불연성 물품 저장 · 취급창고, 지하구, 위험물제조소 등** 제외)	• **50층** 이상(지하층 제외) 또는 지상 **200m** 이상 **아파트** 보기 ② • **30층** 이상(지하층 포함) 또는 지상 **120m** 이상(아파트 제외) 보기 ③ • 연면적 **100000m²** 이상(아파트 제외) 보기 ①
1급 소방안전관리대상물 (**동식물원, 철강 등 불연성 물품 저장 · 취급창고, 지하구, 위험물제조소 등** 제외)	• **30층** 이상(지하층 제외) 또는 지상 **120m** 이상 **아파트** • 연면적 **15000m²** 이상인 것(아파트 제외) • **11층** 이상(아파트 및 연립주택 제외) • 가연성 가스를 **1000톤** 이상 저장 · 취급하는 시설 보기 ④

정답 ④

24 소방안전관리자 자격증을 다른 사람에게 빌려주거나 빌리거나 이를 알선한 자의 벌칙은?

유사문제 23년 문09
교재 P.31

① 5년 이하의 징역 또는 5000만원 이하의 벌금
② 3년 이하의 징역 또는 3000만원 이하의 벌금
③ 1년 이하의 징역 또는 1000만원 이하의 벌금
④ 300만원 이하의 벌금

해설 **1년 이하의 징역 또는 1000만원 이하의 벌금**
(1) 소방시설의 **자체점검** 미실시자
(2) 소방안전관리자 자격증 대여
(3) **화재예방안전진단**을 받지 아니한 자

정답 ③

25 화재안전조사의 조사대상에 대한 사전 공개기간으로 옳은 것은?

교재 P.17

① 1일 이하
② 1일 이상
③ 7일 이하
④ 7일 이상

해설 화재안전조사
(1) 실시자 : 소방관서장
(2) 사전 공개기간 : 7일 이상

정답 ④

제 2 과목

★★★

26 세대수가 650세대인 어느 특정소방대상물의 아파트가 있다. 소방안전관리보조자의 최소 선임기준은 몇 명인가?

유사문제
21년 문01
20년 문05
20년 문17

① 1명
② 2명
③ 3명
④ 4명

교재
PP.19
-22

해설 최소 선임기준

소방안전관리자	소방안전관리보조자
• 특정소방대상물마다 **1명**	• **300세대** 이상 아파트 : **1명**(단, **300세대 초과**마다 **1명** 이상 **추가**) • 연면적 **15000m² 이상** : **1명**(단, **15000m² 초과**마다 **1명** 이상 **추가**) • **공동주택**(기숙사), **의료시설**, **노유자시설**, **수련시설** 및 **숙박시설**(바닥면적 합계 **1500m²** 미만이고, 관계인이 24시간 상시 근무하고 있는 숙박시설 제외) : **1명**

$\frac{650}{300}$ = 2.16(소수점 버림) ≒ 2명

비교

소화기구의 능력단위 (교재 P.106)	소방안전관리보조자 (교재 P.22)
소수점 올림	소수점 버림

정답 ②

★★★

27 다음 중 4층 이상의 노유자시설에 설치할 수 있는 피난기구가 아닌 것은?

유사문제
23년 문30
21년 문11
20년 문29

① 피난사다리
② 피난교
③ 다수인 피난장비
④ 승강식 피난기

교재
P.152

해설 피난기구의 적응성

층 별 / 설치장소별 구분	1층	2층	3층	4층 이상 10층 이하
노유자시설	• 미끄럼대 • 구조대 • 피난교 • 다수인 피난장비 • 승강식 피난기	• 미끄럼대 • 구조대 • 피난교 • 다수인 피난장비 • 승강식 피난기	• 미끄럼대 • 구조대 • 피난교 • 다수인 피난장비 • 승강식 피난기	• 구조대[1)] • 피난교 • 다수인 피난장비 • 승강식 피난기

기출문제 2022

설치장소별 구분 \ 층별	1층	2층	3층	4층 이상 10층 이하
의료시설 · 입원실이 있는 의원 · 접골원 · 조산원	–	–	• 미끄럼대 • 구조대 • 피난교 • 피난용 트랩 • 다수인 피난장비 • 승강식 피난기	• 구조대 • 피난교 • 피난용 트랩 • 다수인 피난장비 • 승강식 피난기
영업장의 위치가 4층 이하인 다중이용업소	–	• 미끄럼대 • 피난사다리 • 구조대 • 완강기 • 다수인 피난장비 • 승강식 피난기	• 미끄럼대 • 피난사다리 • 구조대 • 완강기 • 다수인 피난장비 • 승강식 피난기	• 미끄럼대 • 피난사다리 • 구조대 • 완강기 • 다수인 피난장비 • 승강식 피난기
그 밖의 것	–	–	• 미끄럼대 • 피난사다리 • 구조대 • 완강기 • 피난교 • 피난용 트랩 • 간이완강기2) • 공기안전매트2) • 다수인 피난장비 • 승강식 피난기	• 피난사다리 • 구조대 • 완강기 • 피난교 • 간이완강기2) • 공기안전매트2) • 다수인 피난장비 • 승강식 피난기

㈜ 1) **구조대**의 적응성은 장애인관련시설로서 주된 사용자 중 스스로 피난이 불가한 자가 있는 경우 추가로 설치하는 경우에 한한다.
2) 간이완강기의 적응성은 **숙박시설**의 **3층 이상**에 있는 객실에, **공기안전매트**의 적응성은 **공동주택**에 추가로 설치하는 경우에 한한다.

정답 ①

★★★
28 다음 중 자동화재탐지설비에 관한 설명 중 옳은 것은?

유사문제 23년 문34 21년 문32

교재 PP.138-144

① 예비전원시험시 램프방식인 경우 정상일 때 녹색이다.
② 도통시험시 도통시험스위치를 누른 후 바로 단선확인등이 점등되면 회로가 단선된 것이다.
③ 동작시험복구순서 중 가장 먼저 할 일은 동작스위치를 누르는 것이다.
④ 동작시험시 동작시험스위치 버튼을 누른 후 회로시험스위치를 돌리며 테스트한다.

② 바로 → 각 경계구역 동작버튼을 차례로 누르고
③ 동작스위치를 누르는 것이다. → 회로시험스위치를 돌리는 것이다.
④ 회로시험스위치를 → 자동복구스위치를 누르고 회로시험스위치를

P형 수신기의 동작시험

구 분	순 서
동작시험순서 보기 ④	① 동작시험스위치 누름 ② 자동복구스위치 누름 ③ 회로시험스위치 돌림
동작시험복구순서	① 회로시험스위치 돌림 보기 ③ ② 동작시험스위치 누름 ③ 자동복구스위치 누름
회로도통시험순서 보기 ②	① 도통시험스위치를 누름 ② 각 경계구역 동작버튼을 차례로 누름(회로시험스위치를 각 경계구역별로 차례로 회전) : 단선확인등이 점등되면 회로단선 된 것
예비전원시험순서	① 예비전원시험 스위치 누름 ② 예비전원 결과 확인(적부판정방법) 전압계인 경우 정상: 19～29V / 램프방식인 경우 정상: 녹색 보기 ①

정답 ①

★★

29 전기화재 예방요령으로 틀린 것은?

교재 PP.88-89

① 비닐장판 밑으로 전선이 보이지 않게 정리하여 넣어둔다.
② 하나의 콘센트에 여러 가지 전기기구를 꽂아서 사용하지 않는다.
③ 사용하지 않는 기구는 전원을 끄고 플러그를 뽑아 둔다.
④ 과전류 차단장치를 설치한다.

① 비닐장판 밑으로 전선이 보이지 않게 정리하여 넣어둔다. → 비닐장판이나 양탄자 밑으로는 전선이 지나지 않도록 한다.

전기화재 예방요령

(1) 하나의 콘센트에 여러 가지 전기기구를 꽂아서 사용하지 않는다. 보기 ②
(2) 사용하지 않는 기구는 전원을 끄고 플러그를 뽑아 둔다. 보기 ③
(3) **과전류 차단장치**를 설치한다. 보기 ④
(4) 퓨즈를 사용하고 끊어질 경우 그 원인을 조치한다.
(5) 비닐장판이나 양탄자 밑으로는 전선이 지나지 않도록 한다. 보기 ①
(6) 누전차단기를 설치하고 **월 1~2회** 동작 여부를 확인한다.
(7) 전선이 쇠붙이나 움직이는 물체와 접촉되지 않도록 한다.
(8) 전선은 묶거나 꼬이지 않도록 한다.

정답 ①

★★★
30 실내 전체에 화염이 충만하며, 연소가 최고조에 달하는 시기는?

유사문제 22년 문17 22년 문31 21년 문25

① 최성기 ② 최성장기
③ 최고점 ④ 성장기

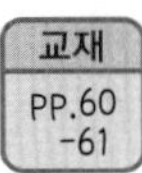

해설 성장기 vs 최성기

성장기	최성기
• 실내 **전**체가 **화**염에 휩싸이는 **플**래시오버 상태 공하성 기억법 성전화플(화플! 와플!)	• 내화구조 : 실내온도 **800~1050℃에 달함** 문제 31 • 목조건물 : 실내온도 1100~1350℃에 달함 • 실내 전체에 화염이 충만하여, 연소가 최고조에 달함 보기 ①

정답 ①

★★★
31 내화구조의 최성기 단계 실내온도는?

유사문제 22년 문17 21년 문25

① 700~950℃ ② 800~1050℃
③ 1050~1350℃ ④ 1100~1350℃

교재 P.60

해설 **문제 30 참조**

정답 ②

기출문제 2022

★
32 연소하고 있는 가연물로부터 열을 뺏어 착화온도를 낮추는 방법은?

① 냉각소화 ② 질식소화
③ 제거소화 ④ 억제소화

교재 PP.63-64

해설 소화방법

제거소화	질식소화	냉각소화	억제소화
• 연소반응에 관계된 가연물이나 그 주위의 가연물을 제거함으로써 연소반응을 중지시켜 소화하는 방법 • 가스밸브의 **폐쇄** • 가연물 직접 **제거** 및 **파괴** • **촛불**을 입으로 불어 가연성 증기를 순간적으로 날려 보내는 방법 • 산불화재시 진행방향의 나무 **제거**	• 산소(공급원)를 차단하여 소화하는 방법 • 불연성 기체로 연소물을 덮는 방법 • 불연성 포로 연소물을 덮는 방법 • 불연성 고체로 연소물을 덮는 방법	• 연소하고 있는 가연물로부터 열을 빼앗아 연소물을 착화온도 이하로 내리는 것 보기 ① • **주수**에 의한 냉각작용 • **이산화탄소**소화약제에 의한 냉각작용	• 연쇄반응을 약화시켜 연소가 계속되는 것을 불가능하게 하여 소화하는 것 • 화학적 작용에 의한 소화방법

정답 ①

33 소방계획의 절차에 대한 설명 중 틀린 것은?

유사문제 24년 문30

교재 PP.169-170

① 사전기획 : 소방계획 수립을 위한 임시조직을 구성하거나 위원회 등을 개최하여 의견수렴
② 위험환경분석 : 위험요인 식별하고 이에 대한 분석 및 평가 실시 후 대책 수립
③ 설계 및 개발 : 환경을 바탕으로 소방계획 수립의 목표와 전략을 수립하고 세부 실행계획 수립
④ 시행 및 유지·관리 : 구체적인 소방계획을 수립하고 소방서장의 최종 승인을 받은 후 소방계획을 이행하고 지속적인 개선 실시

해설

④ 소방서장의 → 이해관계자의 검토를 거쳐

소방계획의 수립절차

수립절차	내 용
사전기획 보기 ①	소방계획 수립을 위한 **임시조직**을 구성하거나 위원회 등을 개최하여 법적 요구사항은 물론 **이해관계자**의 의견을 수렴하고 세부 작성계획 수립
위험환경분석 보기 ②	대상물 내 물리적 및 인적 위험요인 등에 대한 **위험요인**을 식별하고, 이에 대한 분석 및 평가를 정성적·정량적으로 실시한 후 이에 대한 대책 수립
설계 및 개발 보기 ③	대상물의 **환경** 등을 바탕으로ㄴ 소방계획 수립의 목표와 전략을 수립하고 세부 실행계획 수립
시행 및 유지·관리 보기 ④	**구체적인** 소방계획을 수립하고 **이해관계자의 검토**를 거쳐 최종 승인을 받은 후 소방계획을 이행하고 지속적인 개선 실시

정답 ④

★★★
34 다음 중 자동심장충격기(AED) 사용순서로 옳은 것은?

유사문제
24년 문40
23년 문50
22년 문43
22년 문46
22년 문49
21년 문31
21년 문40
21년 문50
20년 문37
20년 문49

교재
PP.287
-288

①
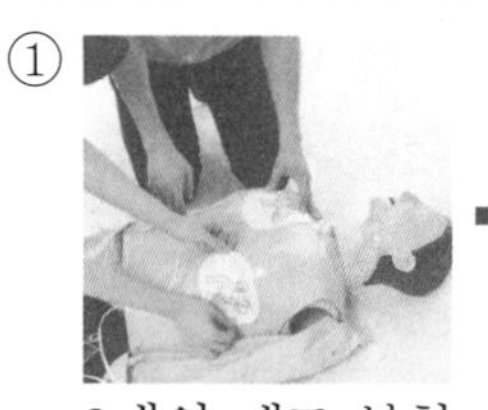
2개의 패드 부착
→

전원켜기
→
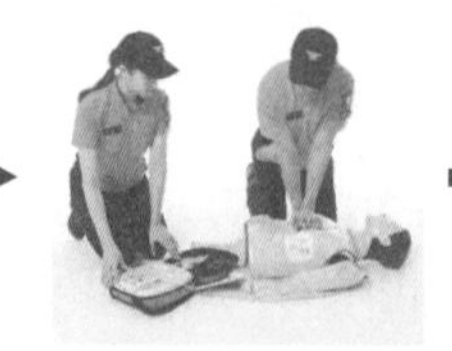
즉시 심폐소생술 다시 시행
→

심장리듬 분석 및 심장충격 실시

②
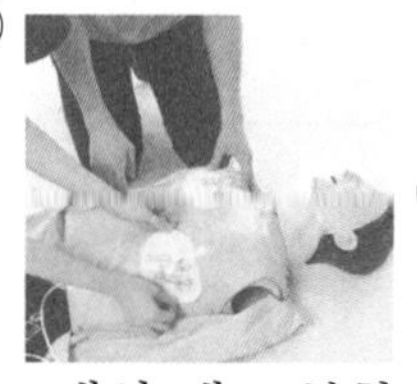
2개의 패드 부착
→
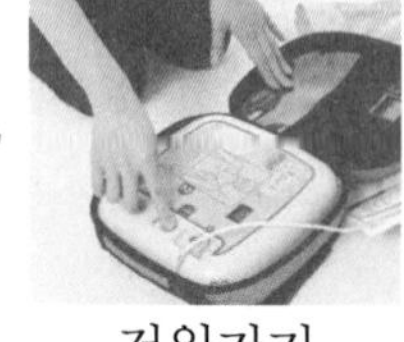
전원켜기
→

심장리듬 분석 및 심장충격 실시
→
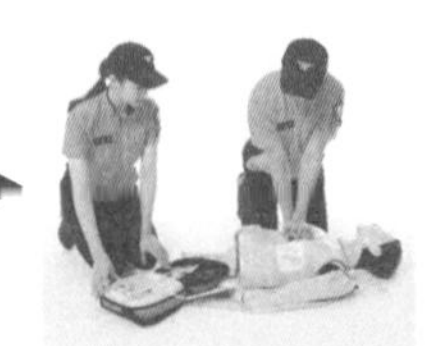
즉시 심폐소생술 다시 시행

③
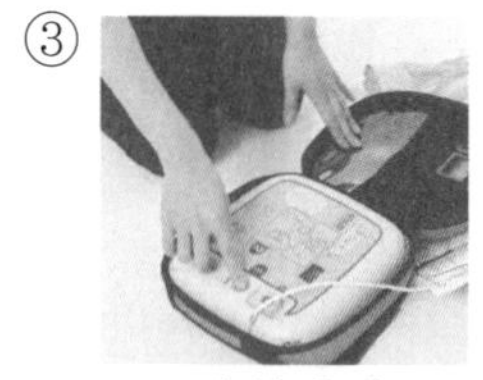
전원켜기
→
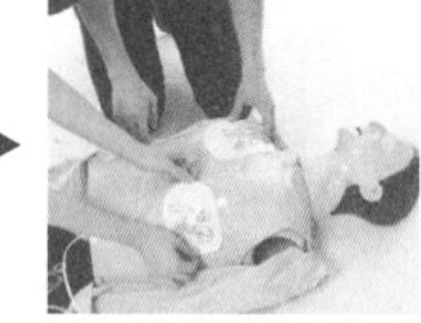
2개의 패드 부착
→
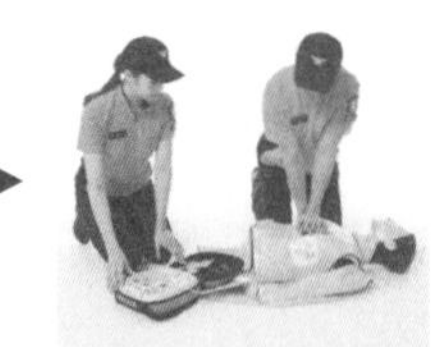
즉시 심폐소생술 다시 시행
→

심장리듬 분석 및 심장충격 실시

④

전원켜기
→
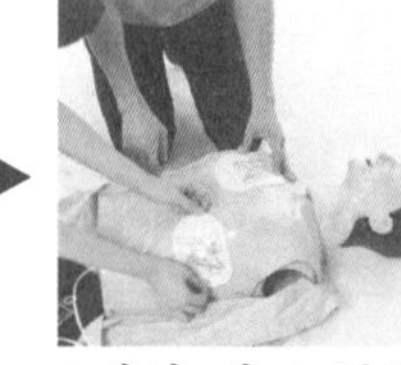
2개의 패드 부착
→

심장리듬 분석 및 심장충격 실시
→
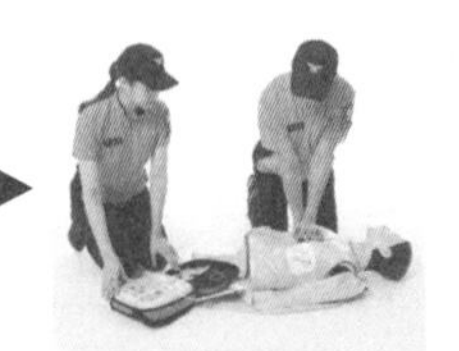
즉시 심폐소생술 다시 시행

해설 **자동심장충격기(AED) 사용방법**

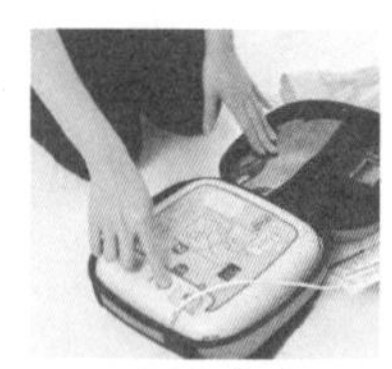
전원켜기
→
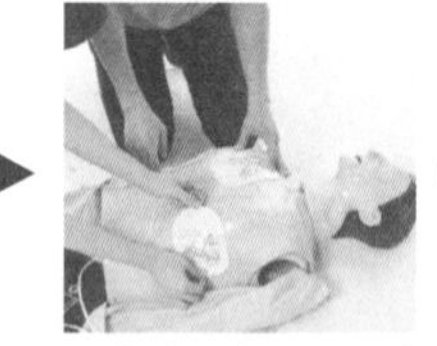
2개의 패드 부착
→

심장리듬 분석 및 심장충격 실시
→
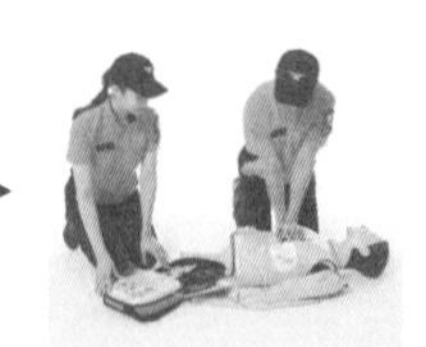
즉시 심폐소생술 다시 시행

정답 ④

기출문제 2022

35 다음은 감지기 시험장비를 활용한 경보설비 점검 그림이다. 그림의 내용 중 옳지 않은 것은?

유사문제 23년 문45 21년 문47

교재 P.136

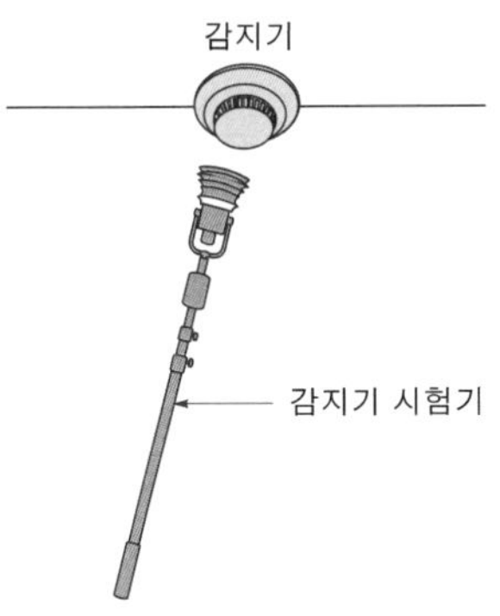

① 감지기 작동상태 확인이 가능하다.
② 감지기 작동 확인은 수신기에서 불가능하다.
③ 수신기에서 해당 경계구역 확인이 가능하다.
④ 감지기 동작 시 지구경종 확인이 가능하다.

해설

② 불가능하다. → 가능하다.
감지기 시험장비를 사용하여 감지기 동작시험을 하는 그림으로 감지기 작동 확인은 수신기에서 반드시 가능해야 한다.

 정답 ②

36 ABC급 대형소화기에 관한 설명 중 틀린 것은?

유사문제 23년 문15
교재 P.103, P.105

① 주성분은 제1인산암모늄이다.
② 능력단위가 B급 화재 30단위 이상, C급 화재는 적응성이 있는 것을 말한다.
③ 능력단위가 A급 화재 10단위 이상인 것을 말한다.
④ 소화효과는 질식, 부촉매(억제)이다.

해설

② 30단위 → 20단위

소화기

(1) 소화능력 단위기준 및 보행거리

소화기 분류		능력단위	보행거리
소형소화기		**1단위** 이상	20m 이내
대형소화기 보기 ②③	A급	**10단위** 이상	30m 이내
	B급	**20단위** 이상	
	C급	적응성이 있는 것	–

공하성 기억법 보3대, 대2B(데이빗!)

(2) 분말소화기

주성분	적응화재	소화효과 보기 ④
탄산수소나트륨($NaHCO_3$)	BC급	• 질식효과 • 부촉매(억제)효과
탄산수소칼륨($KHCO_3$)		
제1인산암모늄($NH_4H_2PO_4$) 보기 ①	ABC급	
탄산수소칼륨($KHCO_3$)+요소($(NH_2)_2CO$)	BC급	

(3) 이산화탄소소화기

주성분	적응화재
이산화탄소(CO_2)	BC급

정답 ②

★★★

37 옥내소화전의 동력제어반과 감시제어반을 나타낸 것이다. 다음 그림에 대한 설명으로 옳지 않은 것은? (단, 현재 동력제어반은 정지표시등만 점등상태)

유사문제 23년 문46 23년 문49 22년 문41

교재 PP.119-120

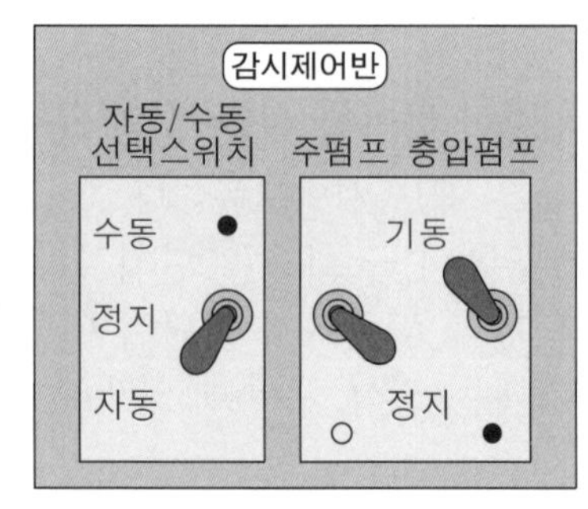

① 옥내소화전 사용시 주펌프는 기동한다.

② 옥내소화전 사용시 충압펌프는 기동하지 않는다.

③ 현재 충압펌프는 기동 중이다.

④ 현재 주펌프는 정지상태이다.

해설

① 감시제어반 선택스위치가 자동에 있으므로 옥내소화전 사용시 주펌프는 당연히 기동한다.
② 동력제어반 충압펌프 선택스위치가 수동으로 되어 있으므로 기동하지 않는다. 동력제어반 충압펌프 선택스위치가 자동으로 되어 있을 때만 옥내소화전 사용시 충압펌프가 기동한다.

‖ 동력제어반 · 충압펌프 선택스위치 ‖

수동	자동
옥내소화전 사용시 충압펌프 미기동	옥내소화전 사용시 충압펌프 기동

③ 기동 중 → 정지상태
단서에 따라 동력제어반 주펌프 · 충압펌프의 정지표시등만 점등되어 있으므로 현재 충압펌프는 정지상태이다.
④ 단서에 따라 동력제어반 주펌프 · 충압펌프의 정지표시등만 점등되어 있으므로 현재 주펌프는 정지상태이다.

정답 ③

★★★
38 자동화재탐지설비의 회로도통시험 적부판정방법으로 틀린 것은?

유사문제 23년 문23

교재 P.141

① 전압계가 있는 경우 정상은 24V를 가리킨다.
② 전압계가 있는 경우 단선은 0V를 가리킨다.
③ 도통시험확인등이 있는 경우 정상은 정상확인등이 녹색으로 점등된다.
④ 도통시험확인등이 있는 경우 단선은 단선확인등이 적색으로 점등된다.

해설

① 24V → 4~8V

회로도통시험 적부판정

구 분	전압계가 있는 경우	도통시험확인등이 있는 경우
정 상	4~8V 보기 ①	정상확인등 점등(녹색) 보기 ③
단 선	0V 보기 ②	단선확인등 점등(적색) 보기 ④

용어 **회로도통시험**

수신기에서 감지기 사이 회로의 **단선 유무**와 기기 등의 접속상황을 확인하기 위한 시험

정답 ①

39 다음 중 출혈시 증상이 아닌 것은?

① 호흡과 맥박이 느리고 약하고 불규칙하다.
② 체온이 떨어지고 호흡곤란도 나타난다.
③ 탈수현상이 나타나며 갈증이 심해진다.
④ 구토가 발생한다.

① 느리고 → 빠르고

출혈의 증상

(1) 호흡과 맥박이 빠르고 **약하고 불규칙**하다. 보기 ①
(2) 반사작용이 둔해진다.
(3) 체온이 떨어지고 **호흡곤란**도 나타난다. 보기 ②
(4) 혈압이 점차 저하되며, 피부가 **창백**해진다.
(5) **구토**가 발생한다. 보기 ④
(6) **탈수현상**이 나타나며 갈증을 호소한다. 보기 ③

정답 ①

기출문제 2022

40 다음 그림과 같이 분말소화기를 점검하였다. 점검 결과로 옳은 것은?

유사문제
23년 문38
22년 문44
21년 문48

교재
p.110

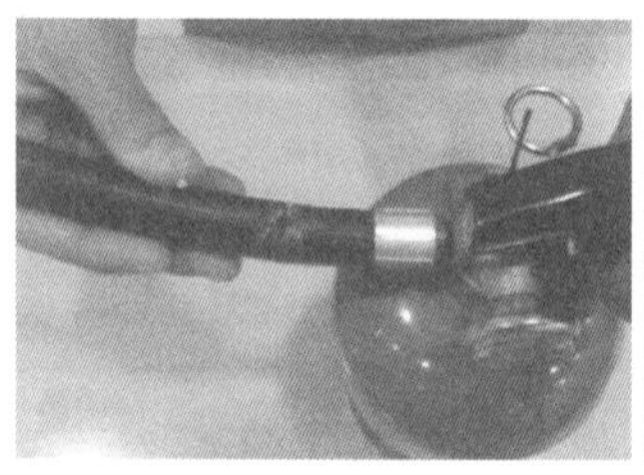
| 그림 A |

| 그림 B |

| 그림 C |

① 그림 A, B는 외관상 문제가 없다.
② 그림 A의 안전핀 체결 상태가 불량이다.
③ 그림 A는 호스가 손상되었고, 그림 B는 호스가 탈락되었다.
④ 그림 C의 지시압력계의 압력이 부족하다.

① 없다. → 있다.
그림 A는 호스파손, 그림 B는 호스탈락이므로 외관상 문제가 있다.
② 불량이다. → 양호하다.
안전핀은 손잡이에 잘 끼워져 있는 것으로 보이므로 안전핀 체결상태는 양호하다.
④ 부족하다. → 높다.

(1) **소화기 호스·혼·노즐**

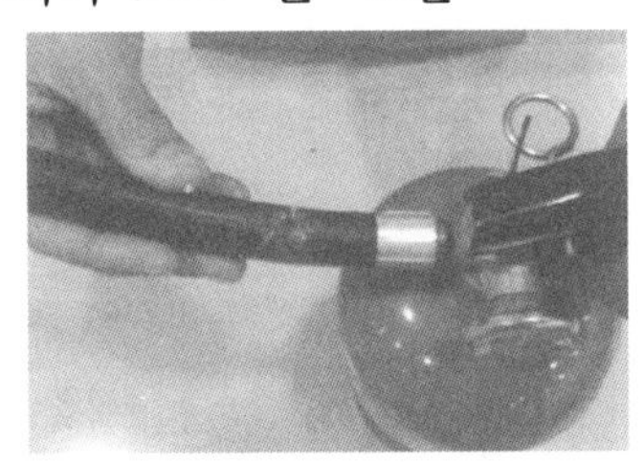

‖호스 파손‖

‖호스 탈락‖

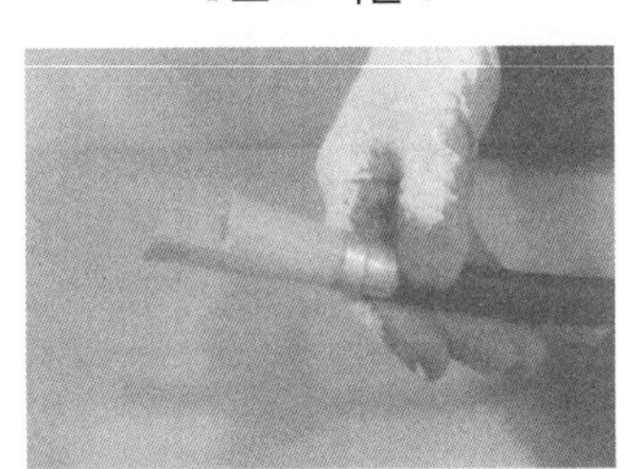

‖노즐 파손‖

‖혼 파손‖

(2) **지시압력계**

① 노란색(황색) : 압력부족

② 녹색 : 정상압력

③ 적색 : 정상압력 초과

‖소화기 지시압력계‖

‖지시압력계의 색표시에 따른 상태‖

노란색(황색)	녹 색	적 색
‖압력이 부족한 상태‖	‖정상압력 상태‖	‖정상압력보다 높은 상태‖

- 용기 내 압력을 확인할 수 있도록 지시압력계가 부착되어 사용 가능한 범위가 0.7~0.98MPa로 녹색으로 되어 있음

정답 ③

41

옥내소화전 감시제어반의 스위치 상태가 아래와 같을 때, 보기의 동력제어반(㉠~㉣)에서 점등되는 표시등을 있는대로 고른 것은? (단, 설비는 정상상태이며 제시된 조건을 제외하고 나머지 조건은 무시한다.)

유사문제
23년 문46
23년 문49
22년 문37

교재
PP.119
-120

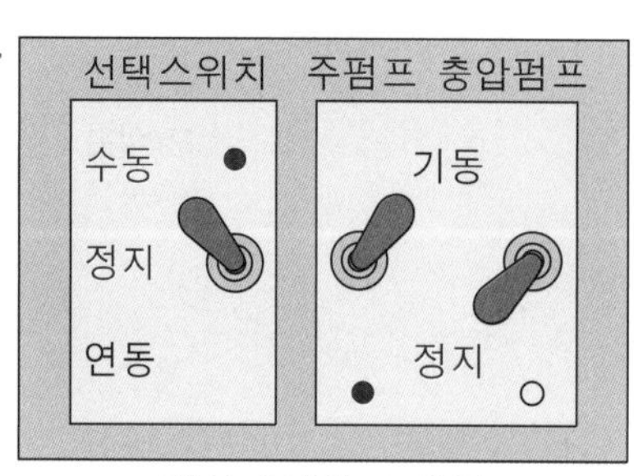

감시제어반 스위치

동력제어반
POWER ㉠
주펌프
충압펌프
정지 수동 자동
기동 ㉡
정지 ㉢
펌프기동 ㉣

동력제어반 스위치

① ㉠, ㉡, ㉢
② ㉠, ㉡, ㉣
③ ㉠, ㉣
④ ㉡, ㉣

해설 **점등램프**

선택스위치 : 수동, 주펌프 : 기동	선택스위치 : 수동, 충압펌프 : 기동
① POWER램프 ② 주펌프기동램프 ③ 주펌프 펌프기동램프	① POWER램프 ② 충압펌프기동램프 ③ 충압펌프 펌프기동램프

정답 ②

★★★
42 R형 수신기 화면이다. 다음 중 보기의 운영기록 내용으로 옳지 않은 것은?

유사문제 20년 문36 20년 문42
실무교재 P.78

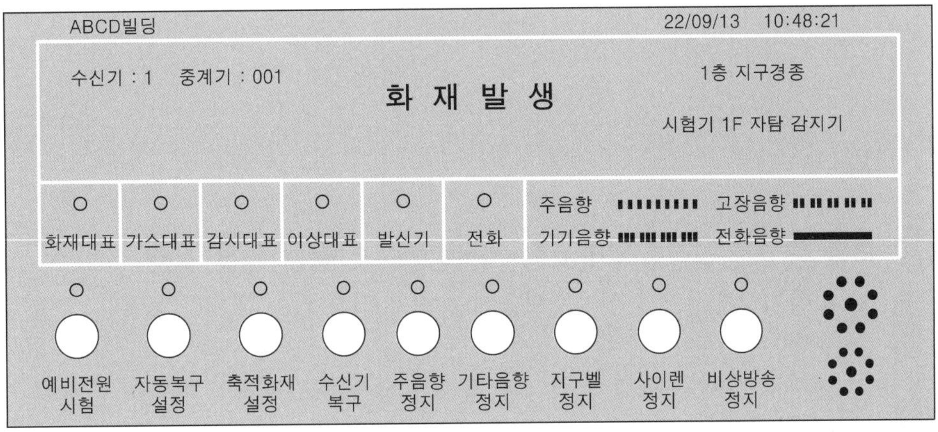

ABCD빌딩 22/09/13 10:48:21

수신기 : 1 중계기 : 001
화 재 발 생
1층 지구경종
시험기 1F 자탐 감지기

화재대표 가스대표 감시대표 이상대표 발신기 전화
주음향 고장음향 기기음향 전화음향

예비전원 시험 | 자동복구 설정 | 축적화재 설정 | 수신기 복구 | 주음향 정지 | 기타음향 정지 | 지구벨 정지 | 사이렌 정지 | 비상방송 정지

보 기	일 시	수신기	회선정보	회선설명	동작구분	메세지
①	20/09/13 10:48:21	1	001	1중 지구경종	중력	중계기 출력
②	20/09/13 10:48:21	1	–	–	수신기	주음향 출력
③	20/09/13 10:48:21	1	001	시험기 1F 자탐 감지기	화재	화재발생
④	20/09/13 10:48:21	1	–	–	시스템 고장	예비전원 고장발생

해설

① **1층 지구경종**작동표시가 있고 중계기 글씨가 있으므로 옳은 답

중계기 : 001
1층 지구경종

② **수신기** 글씨가 있고 **화재발생** 글씨도 있으므로 수신기에서 주음향 출력이 되는 것으로 판단되어 옳은 답

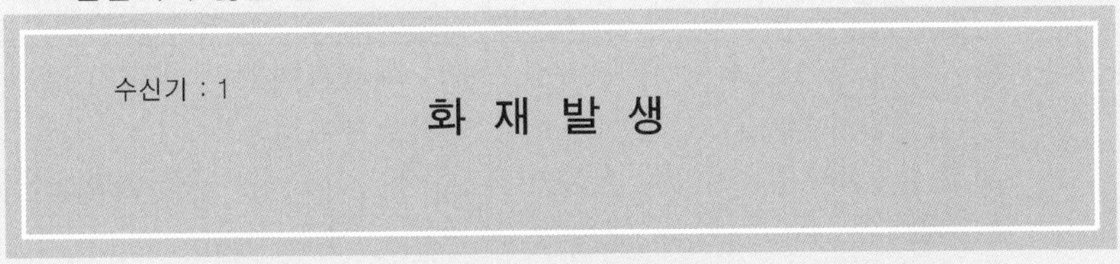

수신기 : 1
화 재 발 생

③ **시험기 1F 자탐 감지기** 글씨가 있고 **화재발생** 글씨도 있으므로 옳은 답

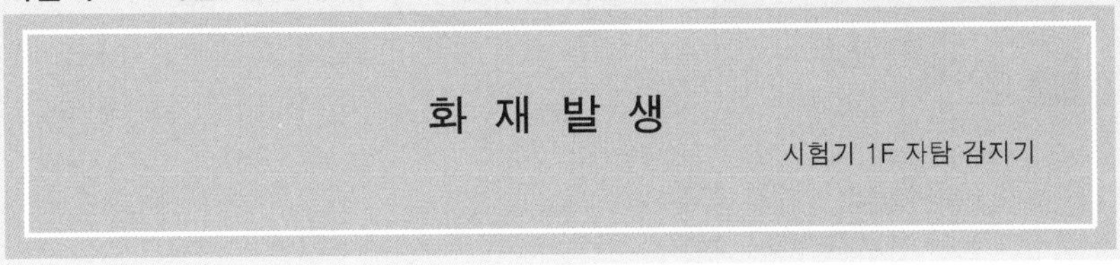

화 재 발 생
시험기 1F 자탐 감지기

④ 예비전원 시험버튼은 있지만 **예비전원고장**이란 글씨는 없으므로 틀린 답

정답 ④

43 다음 중 자동심장충격기(AED) 사용방법으로 옳지 않은 것은?

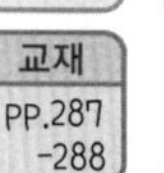

① 자동심장충격기를 심폐소생술에 방해가 되지 않는 위치에 놓은 뒤 전원버튼을 누른다.
② 환자의 상체를 노출시킨 다음 패드 포장을 열고 2개의 패드를 환자의 가슴 피부에 붙인다.
③ 패드 1은 왼쪽 빗장뼈(쇄골) 바로 아래에, 패드 2는 오른쪽 가슴 아래와 겨드랑이 중간에 붙인다.
④ 심장충격이 필요한 환자인 경우에만 제세동버튼이 깜박이기 시작하며, 깜박일 때 심장충격버튼을 눌러 심장충격을 시행한다.

③ 왼쪽 → 오른쪽, 오른쪽 → 왼쪽

자동심장충격기(AED) 사용방법

(1) 자동심장충격기를 심폐소생술에 방해가 되지 않는 위치에 놓은 뒤 **전원버튼**을 누른다. 보기 ①
(2) 패드는 **왼쪽 젖꼭지 아래의 중간 겨드랑선**에 설치하고 **오른쪽 빗장뼈**(쇄골) 바로 **아래**에 붙인다. 보기 ③

‖ 패드의 부착위치 ‖

패드 1	패드 2
오른쪽 빗장뼈(쇄골) 바로 아래	왼쪽 젖꼭지 아래의 중간 겨드랑선

(3) 심장충격이 필요한 환자인 경우에만 **제세동버튼**이 **깜박**이기 시작하며, 깜박일 때 심장충격버튼을 눌러 심장충격을 시행한다. 보기 ④
(4) 심장충격이 필요 없거나 심장충격을 실시한 이후에는 즉시 **심폐소생술**을 다시 시작한다.
(5) **2분**마다 심장리듬을 분석한 후 반복 시행한다.
(6) 환자의 상체를 노출시킨 다음 패드 포장을 열고 2개의 패드를 환자의 가슴 피부에 붙인다. 보기 ②

정답 ③

★★★
44 2020년 작동점검시 소화기 점검결과의 조치내용으로 옳은 것은?

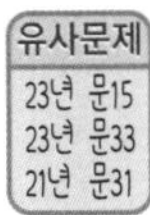

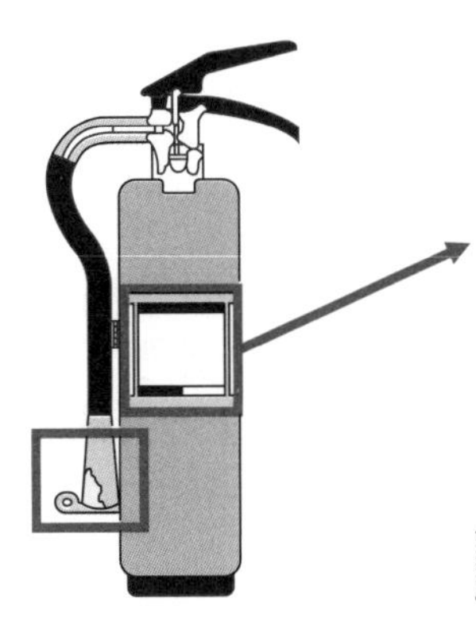

주의사항	
1. 매월 1회 이상 지시압력계의 바늘이 정상위치에 있는가를 확인 2. 소화기 설치시에는 태양의 직사 고온다습의 장소를 피한다. 3. 사용시에는 바람을 등지고 방사하고 사용 후에는 내부약제를 완전방출하여야 한다. 4. 사람을 향하여 방사하지 마십시오. ※ 소화약제 물질 안전자료 관련정보(MSDS정보) ① 위험물질 정보(0.1% 초과시 목록) : 없음 ② 내용물의 5%를 초과하는 화학물질목록 : 제1인산암모늄, 석분 ③ 위험한 약제에 관한 정보 : 폐자극성 분진	
제조연월	2017.11

① 소화기 외관점검시 불량내용에 대하여 조치를 한 경우, 점검결과에 기록하지 않는다.
② 노즐이 경미하게 파손되었지만 정상적인 소화활동을 위하여 노즐을 즉시 교체하였다.
③ 내용연수가 초과되어 소화기를 교체하였다.
④ 레버가 파손되어 소화기를 즉시 교체하였다.

① 기록하지 않는다. → 기록해야 한다.
② 노즐이 파손되었으므로 즉시 교체한 것은 옳다.

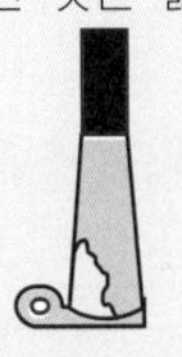

‖ 노즐 파손 ‖

③ 초과되어 → 초과되지 않아서, 교체하였다. → 교체하지 않아도 된다.
제조연월이 2017.11이고 내용연수는 10년이므로 2027.11까지가 유효기간으로 내용연수가 초과되지 않았다.

제조연월	2017.11

④ 파손되어 → 정상이라서, 즉시 교체하였다. → 교체하지 않아도 된다.

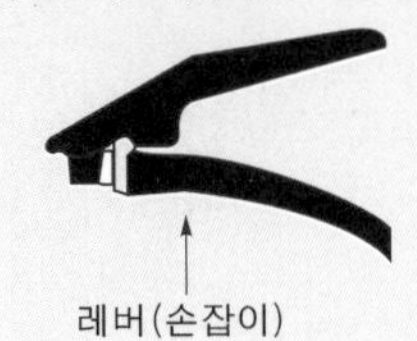

중요 내용연수 교재 P.104

소화기의 내용연수를 **10년**으로 하고 내용연수가 지난 제품은 교체 또는 성능확인을 받을 것

내용연수 경과 후 10년 미만	내용연수 경과 후 10년 이상
3년	1년

정답 ②

45

유사문제 23년 문46 22년 문37 22년 문41
교재 P.120

그림은 옥내소화전 감시제어반 중 펌프제어를 위한 스위치의 예시를 나타낸 것이다. 평상시 및 펌프 점검시 스위치 위치에 대한 설명으로 옳은 것만 보기에서 있는 대로 고른 것은? (단, 설비는 정상상태이며 제시된 조건을 제외하고 나머지 조건은 무시한다.)

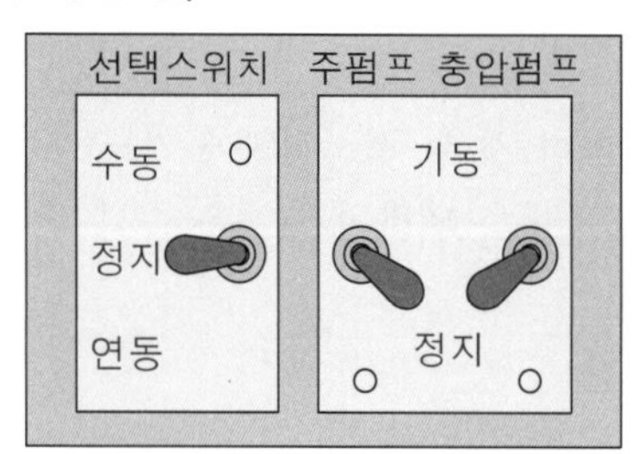

㉠ 평상시 펌프 선택스위치는 '정지' 위치에 있어야 한다.
㉡ 평상시 주펌프스위치는 '기동' 위치에 있어야 한다.
㉢ 펌프 수동기동시 펌프 선택스위치는 '수동' 위치에 있어야 한다.

① ㉠
② ㉢
③ ㉠, ㉡
④ ㉠, ㉡, ㉢

해설

㉠ '정지' 위치 → '연동' 위치
㉡ '기동' 위치 → '정지' 위치

자 동	수 동		
선택스위치 주펌프 충압펌프 수동 정지 연동(자동) 기동 정지 • 선택스위치 : 연동(자동) • 주펌프 : 정지 • 충압펌프 : 정지	기동	선택스위치 주펌프 충압펌프 수동 정지 연동(자동) 기동 정지	• 선택스위치 : 수동 • 주펌프 : 기동 • 충압펌프 : 기동
	정지	선택스위치 주펌프 충압펌프 수동 정지 연동(자동) 기동 정지	• 선택스위치 : 수동 • 주펌프 : 정지 • 충압펌프 : 정지

정답 ②

46 다음은 자동심장충격기 사용에 관한 내용이다. 옳은 것은?

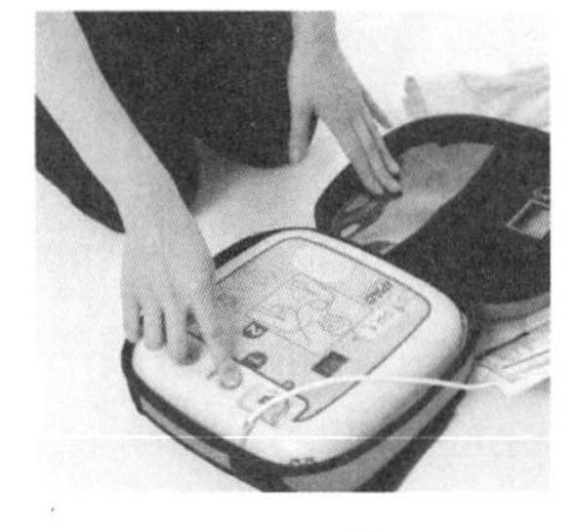

| AED 사용 |

㉠ 자동심장충격기의 전원을 켤 때 감전의 위험이 있으므로 환자와 접촉해서는 안 된다.
㉡ 두 개의 패드 중 1개가 이물질로부터 오염시 패드 1개만 부착하여도 된다.
㉢ 심장리듬 분석시 환자에게서 즉시 떨어져 올바른 분석을 할 수 있도록 한다.
㉣ 제세동 버튼을 누를 때 환자와 접촉한 사람이 없음을 확인 후 제세동 버튼을 누른다.

① ㉠, ㉡　　② ㉡, ㉢
③ ㉢, ㉣　　④ ㉠, ㉣

해설

㉠ 전원을 켤 때 → 심장충격 시행시
㉡ 패드 1개만 부착하여도 된다. → 이물질로 오염 시 제거하여 패드 2개를 반드시 부착하여야 한다.

정답 ③

47 그림은 화재발생시 수신기 상태이다. 이에 대한 설명으로 옳지 않은 것은?

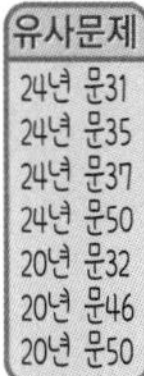

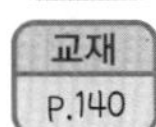

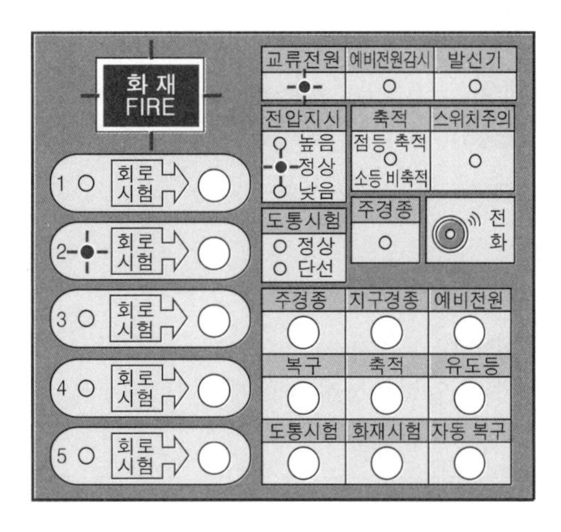

① 2층에서 화재가 발생하였다.　　② 경종이 울리고 있다.
③ 화재 신호기기는 발신기이다.　　④ 화재 신호기기는 감지기이다.

③ 발신기램프가 점등되어 있지 않으므로 화재신호기기는 발신기가 아니다. 그러므로 화재신호기기는 감지기로 추정할 수 있다.

기출문제 2022

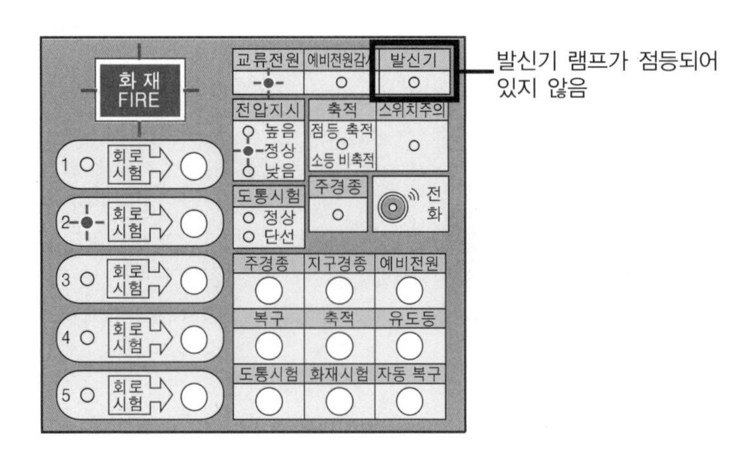

정답 ③

48 방수압력시험 장비를 사용하여 방수압력시험시 장비의 측정 모습으로 옳은 것은?

유사문제
23년 문39
20년 문35
20년 문47

실무교재
P.82

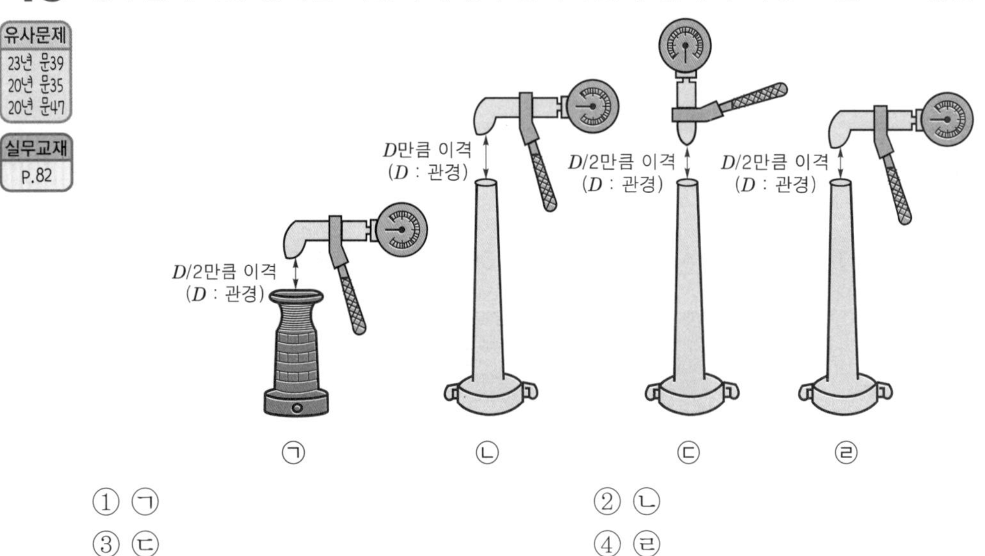

① ㉠　　② ㉡
③ ㉢　　④ ㉣

해설 **옥내소화전 방수압력측정**

(1) 측정장치 방수압력측정계(피토게이지)

(2)

방수량	방수압력
130L/min	0.17~0.7MPa 이하

(3) 방수압력 측정방법 : 방수구에 호스를 결속한 상태로 노즐의 선단에 방수압력측정계(피토게이지)를 근접$\left(\frac{D}{2}\right)$시켜서 측정하고 방수압력측정계의 압력계상의 눈금을 확인한다. 보기 ㉣

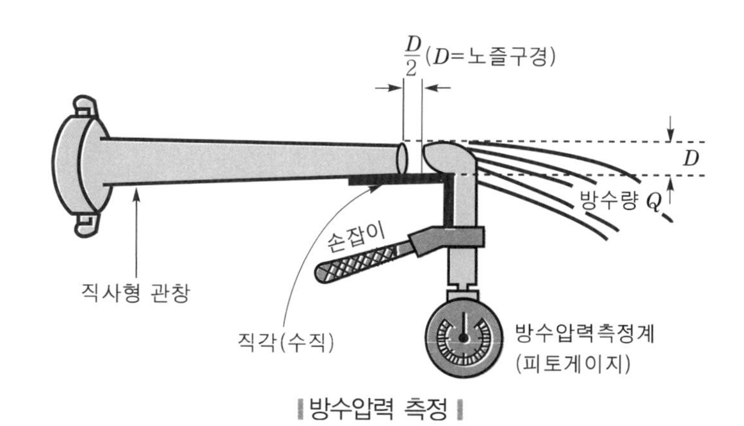

‖방수압력 측정‖

정답 ④

★★★
49 자동심장충격기(AED) 패드 부착 위치로 옳은 것은?

유사문제 23년 문50 22년 문34 22년 문43
교재 PP.287-288

〈두 개의 패드 부착 위치〉
- 패드1 : 오른쪽 빗장뼈 아래
- 패드2 : 왼쪽 젖꼭지 아래의 중간겨드랑선

①
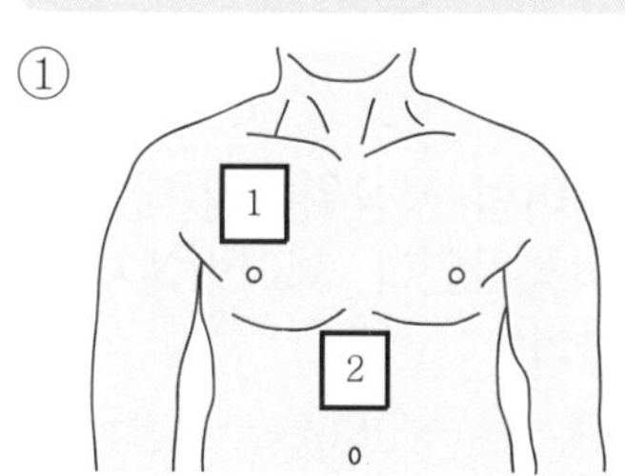

②
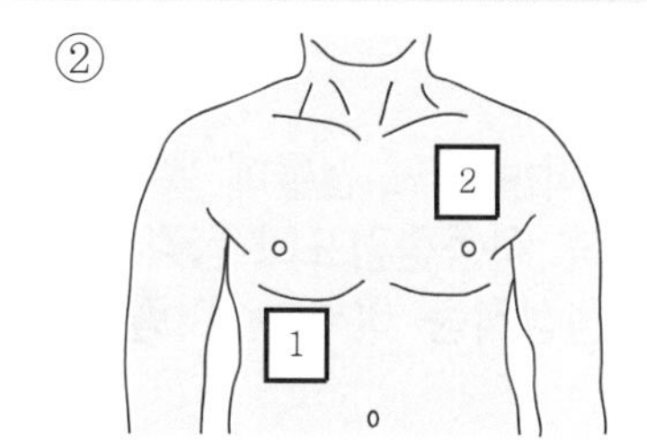

③
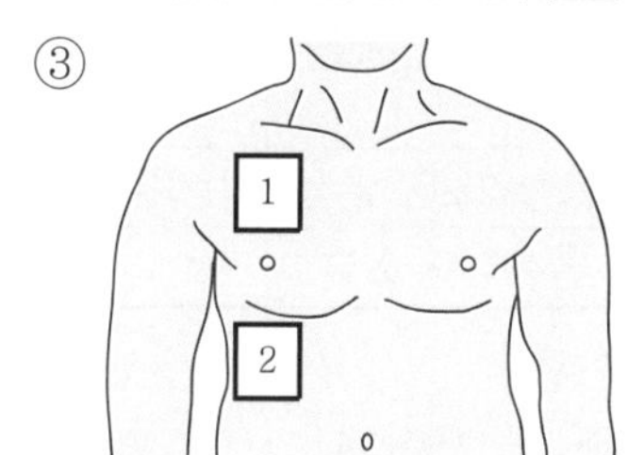

④
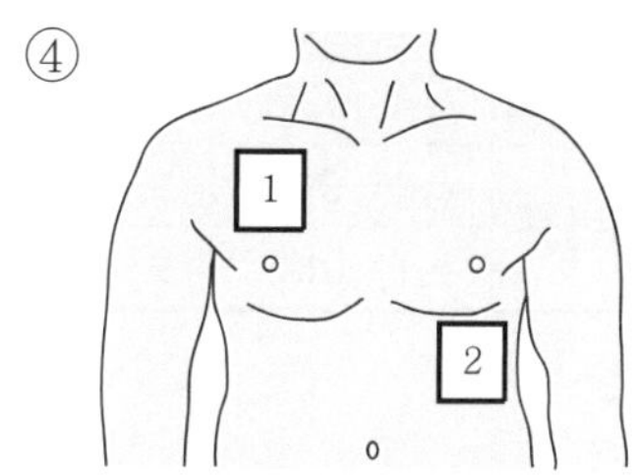

해설 **자동심장충격기(AED) 사용방법**

(1) 자동심장충격기를 심폐소생술에 방해가 되지 않는 위치에 놓은 뒤 전원버튼을 누른다.
(2) 환자의 상체를 노출시킨 다음 패드 포장을 열고 2개의 패드를 환자의 가슴에 붙인다.
(3) 패드는 **왼쪽 젖꼭지 아래의 중간 겨드랑선**에 설치하고 **오른쪽 빗장뼈**(쇄골) 바로 **아래**에 붙인다.

‖ 패드의 부착위치 ‖

패드 1	패드 2
오른쪽 빗장뼈(쇄골) 바로 아래	왼쪽 젖꼭지 아래의 중간 겨드랑선

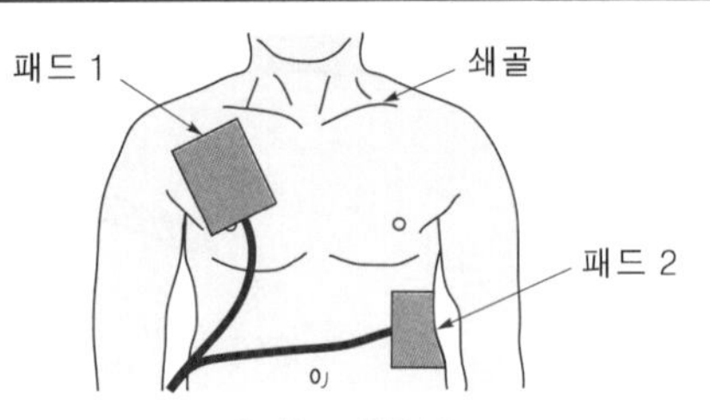

‖ 패드 위치 ‖

(4) 심장충격이 필요한 환자인 경우에만 제세동버튼이 깜박이기 시작하며, 깜박일 때 심장충격버튼을 눌러 심장충격을 시행한다.
(5) 심장충격버튼을 누르기 전에는 반드시 주변사람 및 구조자가 환자에게서 떨어져 있는지 다시 한 번 확인한 후에 실시하도록 한다.
누른 후에는 ×
(6) 심장충격이 필요 없거나 심장충격을 실시한 이후에는 즉시 **심폐소생술**을 다시 시작한다.
(7) **2분**마다 심장리듬을 분석한 후 반복 시행한다.

정답 ④

50 박소방씨는 어느 건물에 옥내소화전설비의 펌프제어반 정상위치에 대한 작동점검을 한 후 작동점검표에 점검결과를 다음과 같이 작성하였다. 제어반에서 '음향경보장치 정상작동 여부'는 어떤 것으로 확인 가능한가?

유사문제 20년 문35
교재 P.302

(양호○, 불량×, 해당없음/)

구 분	점검번호	점검항목	점검결과
가압송수장치	2-C-002	옥내소화전 방수압력 적정 여부	○
제어반	2-H-011	펌프 작동 여부 확인 표시등 및 음향경보장치 정상작동 여부	○
	2-H-012	펌프별 자동 · 수동 전환스위치 정상작동 여부	○

① 경종 ② 사이렌
③ 부저 ④ 경종 및 사이렌

 옥내소화전설비 (양호○, 불량×, 해당없음/)

구 분	점검번호	점검항목	점검결과
가압송수장치	2-C-002	옥내소화전 방수압력 적정 여부	○
제어반	2-H-011	펌프 작동 여부 확인 표시등 및 음향경보장치 정상작동 여부 부저	○
	2-H-012	펌프별 자동 · 수동 전환스위치 정상작동 여부 평상시 전환스위치 상태확인	○

정답 ③

2021년 기출문제

제 1 과목

★★★

01 세대수가 1100세대인 어느 특정소방대상물의 아파트가 있다. 소방안전관리보조자의 최소 선임기준은 몇 명인가?

유사문제
22년 문26
20년 문05
20년 문17

출제연도 • 문제 •

교재 PP.19-22

유사문제부터 풀어보세요. 실력이 팍!팍! 올라갑니다.

① 소방안전관리보조자 : 1명
② 소방안전관리보조자 : 2명
③ 소방안전관리보조자 : 3명
④ 소방안전관리보조자 : 4명

해설 **최소 선임기준**

소방안전관리자	소방안전관리보조자
• 특정소방대상물마다 1명	• **300세대** 이상 아파트 : **1명**(단, **300세대 초과**마다 **1명** 이상 **추가**) • 연면적 **15000m²** 이상 : **1명**(단, **15000m²** 초과마다 **1명** 이상 **추가**) • **공동주택**(기숙사), **의료시설**, **노유자시설**, **수련시설** 및 **숙박시설**(바닥면적 합계 **1500m²** 미만이고, 관계인이 24시간 상시 근무하고 있는 숙박시설 제외) : **1명**

$\frac{1100}{300} = 3.66$(소수점 버림) ≒ 3명

정답 ③

★★

02 소화약제의 소화효과가 틀린 것은?

교재 P.64

① 물소화약제 : 냉각효과, 질식효과
② 포소화약제 : 질식효과, 냉각효과
③ 분말소화약제 : 냉각효과, 질식효과
④ 할론소화약제 : 냉각효과, 질식효과, 부촉매효과

해설 **소화약제의 종류별 소화효과**

소화약제의 종류	소화효과
물소화약제 보기 ①	• 냉각효과 • 질식효과

소화약제의 종류	소화효과
포소화약제 · 이산화탄소소화약제 보기 ②	• 질식효과 • 냉각효과
분말소화약제 보기 ③	• 질식효과 • 부촉매효과
할론소화약제 보기 ④	• 부촉매효과 • 질식효과 • 냉각효과 공하성 기억법 할부냉질

정답 ③

03 다음 중 연소 3요소 중 산소공급원이 아닌 것은?

유사문제 22년 문18
교재 P.53

① 산화제　② 제1류 위험물
③ 환원제　④ 제5류 자기반응성 물질

해설 **산소공급원**

(1) **공**기
(2) **산**화제(제1 · 6류 위험물) 보기 ①②
(3) **자**기반응성 물질(제5류) 보기 ④

공하성 기억법 공산자

정답 ③

04 다음과 같은 설비는 어떤 설비와 관련이 있는가?

유사문제 24년 문08
교재 P.101

제연설비, 연결송수관설비, 연결살수설비, 비상콘센트설비, 무선통신보조설비, 연소방지설비

① 화재가 발생할 경우 피난하기 위하여 사용하는 기구 또는 설비
② 화재의 발생 또는 화재의 발생이 예상되는 상황에 대하여 경보를 발하여 주는 설비
③ 화재를 진압하거나 인명구조활동을 위하여 사용하는 설비
④ 화재를 진압하는 데 필요한 물을 공급하거나 저장하는 설비

해설
① 피난구조설비
② 경보설비
④ 소화용수설비

기출문제 2021

소화활동설비

화재를 진압하거나 인명구조활동을 위하여 사용하는 설비 보기 ③

(1) **연**결송수관설비
(2) **연**결살수설비
(3) **연**소방지설비
(4) **무**선통신보조설비
(5) **제**연설비
(6) **비**상**콘**센트설비

공하성 기억법 3연무제비콘

정답 ③

05 포대 등을 사용하여 자루형태로 만든 것으로서 화재시 사용자가 그 내부에 들어가서 내려옴으로써 대피할 수 있는 것은 무엇인가?

유사문제 23년 문22 22년 문11 22년 문12

① 구조대 ② 완강기
③ 피난용 트랩 ④ 공기안전매트

교재 PP.150-151

해설 **피난기구의 종류**

구 분	설 명
피난사다리	건축물화재시 안전한 장소로 피난하기 위해서 건축물의 개구부에 설치하는 기구
완강기	사용자의 몸무게에 의하여 자동적으로 내려올 수 있는 기구 중 사용자가 교대하여 **연속적**으로 **사용할 수 있는 것**
간이완강기	사용자의 몸무게에 의하여 자동적으로 내려올 수 있는 기구 중 사용자가 **연속적**으로 **사용할 수 없는 것**
구조대	화재시 건물의 창, 발코니 등에서 지상까지 **포대**를 사용하여 그 포대 속을 활강하는 피난기구 보기 ① 공하성 기억법 **구포**(부산에 있는 **구포**)
피난교	건축물의 옥상층 또는 그 이하의 층에서 화재발생시 옆 건축물로 피난하기 위해 설치하는 피난기구
기타 피난기구	피난용 트랩, 공기안전매트 등

정답 ①

06 다음 중 1급 소방안전관리대상물은?

유사문제 24년 문09 24년 문13 22년 문23

① 연면적 20000m^2 이상의 아파트
② 가연성 가스를 500톤 이상 저장·취급하는 시설
③ 15층 이상의 업무시설
④ 20층 이상(지하층 제외) 아파트

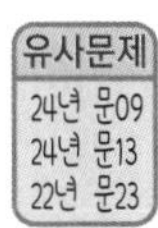
교재 P.20

기출문제 2021

해설 **소방안전관리자 및 소방안전관리보조자를 선임하는 특정소방대상물**

소방안전관리대상물	특정소방대상물
특급 소방안전관리대상물 (**동식물원, 철강 등 불연성 물품 저장·취급창고, 지하구, 위험물제조소 등** 제외)	• **50층** 이상(지하층 제외) 또는 지상 **200m** 이상 **아파트** • **30층** 이상(지하층 포함) 또는 지상 **120m** 이상(아파트 제외) • 연면적 **100000m^2** 이상(아파트 제외)
1급 소방안전관리대상물 (**동식물원, 철강 등 불연성 물품 저장·취급창고, 지하구, 위험물제조소 등** 제외)	• **30층** 이상(지하층 제외) 또는 지상 **120m** 이상 **아파트** • 연면적 **15000m^2** 이상인 것(아파트 제외) • **11층** 이상(아파트 및 연립주택 제외) • 가연성 가스를 **1000톤** 이상 저장·취급하는 시설
2급 소방안전관리대상물	• 지하구 • 가스제조설비를 갖추고 도시가스사업 허가를 받아야 하는 시설 또는 가연성 가스를 **100톤 이상 1000톤** 미만 저장·취급하는 시설 • 옥내소화전설비·**스프링클러설비** 설치대상물 • **물분무등소화설비**(호스릴방식만을 설치한 경우 제외) 설치대상물 • 공동주택 • 목조건축물(국보·보물)
3급 소방안전관리대상물	• **자동화재탐지설비** 설치대상물 • 간이스프링클러설비(주택전용 제외) 설치대상물

정답 ③

★★★
07 한국소방안전원의 설립목적이 아닌 것은?

유사문제 24년 문18 23년 문02 21년 문03 20년 문11 20년 문19

교재 P.13

① 소방기술과 안전관리기술의 향상 및 홍보
② 교육·훈련 등 행정기관이 위탁하는 업무의 수행
③ 소방관계종사자의 기술 향상
④ 소방안전에 관한 국제협력

해설 ④ 한국소방안전원의 업무

한국소방안전원의 설립목적

(1) 소방기술과 안전관리기술의 향상 및 홍보 보기 ①
(2) 교육·훈련 등 행정기관이 위탁하는 업무의 수행 보기 ②
(3) 소방관계종사자의 기술 향상 보기 ③

정답 ④

★★★

08 다음 중 제조 또는 가공공정에서 방염처리를 한 물품으로 옳은 것은?

유사문제 20년 문04

① 창문에 설치하는 커튼류(블라인드 제외) ② 암막 및 무대막
③ 종이류(두께 2mm 이상) ④ 합판 및 목재

교재 P.37

해설 방염대상물품

(1) **제조** 또는 **가공공정**에서 방염처리를 한 물품
  ① 창문에 설치하는 **커튼류**(블라인드 포함)
  ② 카펫
  ③ **벽지류**(두께 **2mm 미만**인 **종이벽지 제외**)
  ④ **전시용 합판 · 목재 · 섬유판**
  ⑤ **무대용 합판 · 목재 · 섬유판**
  ⑥ **암막 · 무대막**(영화상영관 · 가상체험 체육시설업의 **스크린** 포함)
  ⑦ 섬유류 또는 합성수지류 등을 원료로 하여 제작된 **소파 · 의자**(단란주점 · 유흥주점 · 노래연습장에 한함)
(2) 건축물 내부의 **천장 · 벽**에 **부착 · 설치**하는 것
  ① 종이류(두께 **2mm 이상**), **합성수지류** 또는 **섬유류**를 주원료로 한 물품
  ② **합판**이나 **목재**
  ③ 공간을 구획하기 위하여 설치하는 **간이칸막이**
  ④ 흡음 · 방음을 위하여 설치하는 **흡음재**(흡음용 커튼 포함) 또는 **방음재**(방음용 커튼 포함)

| 방염커튼 |

정답 ②

★

09 화재발생시 가장 먼저 신고해야 할 내용으로 옳지 않은 것은?

교재 P.182

① 화재발생장소 ② 화재진행상황
③ 신고자성명 ④ 화재피해현황

해설 화재신고

화재를 인지 · 접수한 경우 침착하게 불이 난 사실과 현재 위치(건물주소, 명칭), 화재진행상황 및 피해현황 등을 소방기관(119)에 신고한다. 이 경우 소방기관에서 알았다고 할 때까지 전화를 끊지 않는다.

정답 ③

★★★
10 다음 가스누설경보기 설치위치에 대한 설명 중 옳지 않은 것은?

유사문제
24년 문17
23년 문11
22년 문03
22년 문15
21년 문22
20년 문08

교재
P.90, P.92

① LPG는 증기비중이 1보다 큰 가스이며 탐지기의 상단은 바닥면의 상방 30cm 이내 설치
② LNG는 증기비중이 1보다 작은 가스이며 연소기 또는 관통부로부터 수평거리 4m 이내 설치
③ LPG는 증기비중이 1보다 큰 가스이며 연소기 또는 관통부로부터 수평거리 4m 이내 설치
④ LNG는 증기비중이 1보다 작은 가스이며 탐지기의 하단은 천장면의 하방 30cm 이내 설치

해설

② 연소기 또는 관통부로부터 수평거리 4m 이내 → 연소기로부터 수평거리 8m 이내

LPG vs LNG

구 분	LPG	LNG
주성분	• 프로판 • 부탄	• 메탄
용 도	• 가정용 • 공업용 • 자동차연료용	• 도시가스
증기비중	• 1보다 큰 가스	• 1보다 작은 가스
비 중	• 1.5~2	• 0.6
탐지기의 위치	• 탐지기의 **상단**은 **바닥면**의 **상방** **30cm** 이내에 설치	• 탐지기의 **하단**은 **천장면**의 **하방** **30cm** 이내에 설치
가스누설경보기의 위치	• 연소기 또는 관통부로부터 **수평거리 4m** 이내에 설치	• 연소기로부터 **수평거리 8m** 이내에 설치

정답 ②

★★
11 다음 중 틀린 것을 모두 고른 것은?

유사문제
23년 문30
22년 문27
20년 문29

교재
P.152

㉠ 노유자시설의 1층과 2층에는 피난기구가 필요 없다.
㉡ 3층 의료시설에는 간이완강기가 설치되어 있다.
㉢ 다중이용업소는 피난교가 설치되어 있다.
㉣ 노유자시설에는 피난사다리가 설치되어 있다.
㉤ 4층 이상의 공동주택에는 피난용 트랩이 설치되어 있다.

① ㉠, ㉡
② ㉠, ㉡, ㉢
③ ㉠, ㉡, ㉢, ㉣
④ ㉠, ㉡, ㉢, ㉣, ㉤

해설 피난기구의 적응성

설치 장소별 구분 \ 층 별	1층	2층	3층	4층 이상 10층 이하
노유자시설	• 미끄럼대 • 구조대 • 피난교 • 다수인 피난장비 • 승강식 피난기	• 미끄럼대 • 구조대 • 피난교 • 다수인 피난장비 • 승강식 피난기	• 미끄럼대 • 구조대 • 피난교 • 다수인 피난장비 • 승강식 피난기	• 구조대[1)] • 피난교 • 다수인 피난장비 • 승강식 피난기
의료시설 · 입원실이 있는 의원 · 접골원 · 조산원	–	–	• 미끄럼대 • 구조대 • 피난교 • 피난용 트랩 • 다수인 피난장비 • 승강식 피난기	• 구조대 • 피난교 • 피난용 트랩 • 다수인 피난장비 • 승강식 피난기
영업장의 위치가 4층 이하인 다중이용업소	–	• 미끄럼대 • 피난사다리 • 구조대 • 완강기 • 다수인 피난장비 • 승강식 피난기	• 미끄럼대 • 피난사다리 • 구조대 • 완강기 • 다수인 피난장비 • 승강식 피난기	• 미끄럼대 • 피난사다리 • 구조대 • 완강기 • 다수인 피난장비 • 승강식 피난기
그 밖의 것	–	–	• 미끄럼대 • 피난사다리 • 구조대 • 완강기 • 피난교 • 피난용 트랩 • 간이완강기[2)] • 공기안전매트[2)] • 다수인 피난장비 • 승강식 피난기	• 피난사다리 • 구조대 • 완강기 • 피난교 • 간이완강기[2)] • 공기안전매트[2)] • 다수인 피난장비 • 승강식 피난기

㈜ 1) **구조대**의 적응성은 장애인관련시설로서 주된 사용자 중 스스로 피난이 불가한 자가 있는 경우 추가로 설치하는 경우에 한한다.
2) 간이완강기의 적응성은 **숙박시설**의 **3층 이상**에 있는 객실에, **공기안전매트**의 적응성은 **공동주택**에 추가로 설치하는 경우에 한한다.

정답 ④

12 다음 중 완강기의 사용방법으로 옳지 않은 것은?

교재 PP.153-154

① 완강기 후크를 고리에 걸고 지지대와 연결 후 나사를 조인다.
② 창 안으로 릴을 놓는다.
③ 벨트를 머리에서부터 뒤집어쓰고 뒤틀림이 없도록 겨드랑이 밑에 건다.
④ 고정링을 조절해 벨트를 가슴에 확실히 조인다.

해설

② 창 안으로 → 창밖으로

완강기 사용방법

(1) 완강기 후크를 고리에 걸고 지지대와 연결 후 나사를 조인다. 보기 ①
(2) 창밖으로 릴을 놓는다. 보기 ②
(3) 벨트를 머리에서부터 뒤집어쓰고 뒤틀림이 없도록 겨드랑이 밑에 건다. 보기 ③
(4) 고정링을 조절해 벨트를 가슴에 확실히 조인다. 보기 ④
(5) 지지대를 창밖으로 향하게 한다.
(6) 두 손으로 조절기 바로 밑의 로프 2개를 잡고 발부터 창밖으로 내민다.
(7) 몸이 벽에 부딪치지 않도록 벽을 가볍게 손으로 밀면서 내려온다.

정답 ②

13 한국소방안전원의 주요 업무내용이 아닌 것은?

유사문제 24년 문18 23년 문02 20년 문11 20년 문19

교재 P.13

① 화재예방과 안전관리의식 고취를 위한 대국민 홍보
② 회원에 대한 기술지원 등
③ 소방안전에 관한 국제협력
④ 소방업무에 관하여 민간업체가 위탁하는 업무

해설

④ 민간업체가 → 행정기관이

한국소방안전원의 업무

(1) 소방기술과 안전관리에 관한 **교육** 및 **조사 · 연구**
(2) 소방기술과 안전관리에 관한 각종 **간행물 발간**
(3) 화재예방과 안전관리의식 고취를 위한 **대국민 홍보** 보기 ①
(4) 소방업무에 관하여 **행정기관**이 **위탁**하는 업무 보기 ④
(5) 소방안전에 관한 국제협력 보기 ③
(6) **회원**에 대한 **기술지원** 등 정관으로 정하는 사항 보기 ②

정답 ④

14 다음 중 물질이 격렬한 산화반응을 함으로써 열과 빛을 발생하는 현상을 무엇이라 하는가?

교재 P.53

① 발화
② 인화
③ 연소
④ 화염

해설 **연소 :** 열＋빛＝산화
가연물이 공기 중에 있는 산소 또는 산화제와 반응하여 **열**과 **빛**을 발생하면서 **산화**하는 현상

정답 ③

★★★
15 다음 그림에서 보여주는 것은 무엇인가?

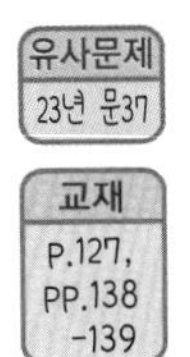

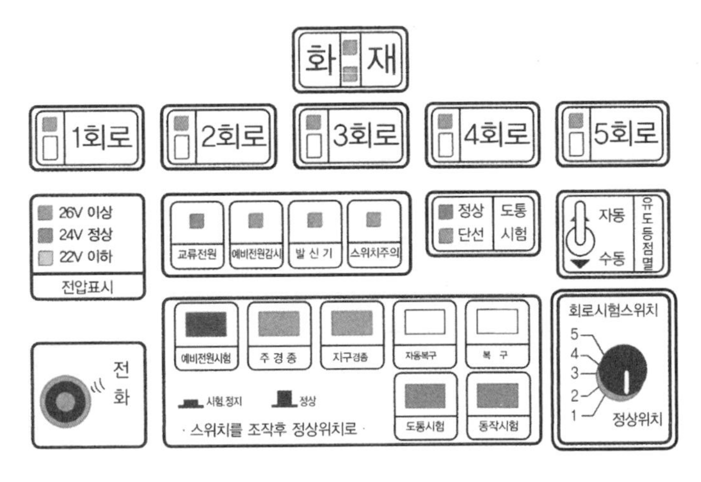

① P형 발신기
② P형 수신기
③ R형 발신기
④ R형 수신기

해설 지구표시등이 설치되어 있으므로 P형 수신기이다.

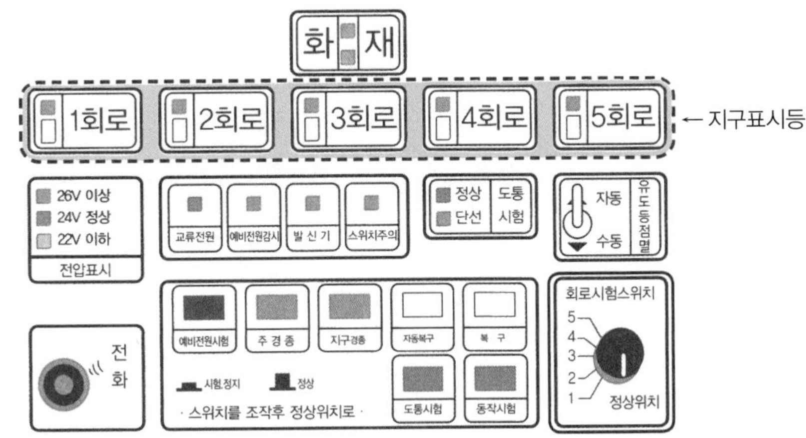

‖ 수신기 ‖

P형 수신기	R형 수신기
각 회로별 경계구역을 표시하는 지구표시등 설치	고유의 신호를 수신하는 것으로써 숫자 등의 기록장치에 의해 표시

정답 ②

★★
16 소방시설 설치 및 관리에 관한 법률에 해당하지 않는 것은?

교재 P.18, PP.35-36, P.39

① 방염
② 자체점검
③ 화재예방강화지구
④ 피난시설, 방화구획 및 방화시설

해설

③ 소방기본법

소방관계법령

소방시설 설치 및 관리에 관한 법률	화재의 예방 및 안전관리에 관한 법률
• 피난시설, 방화구획 및 방화시설 [보기 ④] • 방염 [보기 ①] • 자체점검 [보기 ②]	• 화재안전조사 • 화재예방강화지구 [보기 ③]

정답 ③

★★★
17 다음 중 방염처리된 물품의 사용을 권장할 수 없는 경우는?

유사문제 20년 문04
교재 P.37

① 의료시설에 설치된 침구류
② 장례시설에 설치된 소파
③ 노유자시설에 설치된 의자
④ 숙박시설에 설치된 커튼

해설 **방염처리된 물품의 사용을 권장할 수 있는 경우**
다중이용업소 · 의료시설 · 노유자시설 · 숙박시설 · 장례시설에 사용하는 **침구류**, **소파**, **의자**

방염대상물품(**제조** 또는 **가공공정**에서 방염처리를 한 물품) 교재 P.37
1. 창문에 설치하는 **커튼류**(블라인드 포함)
2. 카펫
3. **벽지류**(두께 **2mm 미만**인 **종이벽지 제외**)
4. **전시용 합판 · 목재 · 섬유판**
5. **무대용 합판 · 목재 · 섬유판**
6. **암막 · 무대막**(영화상영관 · 가상체험 체육시설업의 **스크린** 포함)
7. 섬유류 또는 합성수지류 등을 원료로 하여 제작된 **소파 · 의자**(단란주점 · 유흥주점 · 노래연습장에 한함)

정답 ④

★★
18 유도등의 점검내용으로 틀린 것은?

유사문제 24년 문27
교재 PP.160-161

① 3선식은 유도등 절환스위치를 수동으로 전환하고 유도등의 점등을 확인한다. 또한 수신기에서 수동으로 점등스위치를 ON하고 건물 내의 점등이 안 되는 유도등을 확인한다.
② 3선식은 유도등 절환스위치를 자동으로 전환하고 감지기, 발신기 동작 후 유도등 점등을 확인한다.
③ 2선식은 감지기 · 발신기 · 중계기 · 스프링클러설비 등을 현장에서 작동과 동시에 유도등이 점등되는지를 확인한다.
④ 예비전원은 상시 배터리가 충전되어 있어야 한다.

해설

③ 2선식 → 3선식

3선식 유도등 점검
(1) 유도등 절환스위치를 **수동**으로 전환하고 유도등의 점등을 확인한다. 또한 수신기에서 수동으로 점등스위치를 ON하고 건물 내의 점등이 안 되는 유도등을 확인한다. 보기 ①
(2) 유도등 절환스위치를 **자동**으로 전환하고 **감지기**, **발신기** 동작 후 유도등 점등을 확인한다. 보기 ②
(3) **감지기 · 발신기 · 중계기 · 스프링클러설비** 등을 현장에서 작동과 동시에 유도등이 점등되는지를 확인한다. 보기 ③
(4) 예비전원은 상시 배터리가 충전되어 있어야 한다. 보기 ④

정답 ③

★★
19 다음 중 빈칸에 들어갈 알맞은 것은?

교재 P.44

소방시설의 기능과 성능에 지장을 줄 수 있는 폐쇄, (㉠) 등의 행위를 한 자는 5년 이하의 징역 또는 (㉡)천만원 이하의 벌금에 처한다.

① ㉠ 방해, ㉡ 3
② ㉠ 중지, ㉡ 5
③ ㉠ 차단, ㉡ 5
④ ㉠ 잠금, ㉡ 3

해설 소방시설의 기능과 성능에 지장을 줄 수 있는 **폐쇄**, **차단** 등의 행위를 한 자는 5년 이하의 징역 또는 5000만원 이하의 벌금에 처한다.

정답 ③

★★★
20 소방교육을 실시하지 아니한 자의 과태료는 얼마인가?

유사문제 21년 문21
교재 P.32

① 50만원
② 100만원
③ 200만원
④ 300만원

기출문제 2021

해설 300만원 이하의 과태료

(1) 정당한 사유없이 화기취급 등을 한 자
(2) 특정소방대상물 소방안전관리를 위반하여 소방안전관리자를 겸한 자
(3) 소방안전관리업무를 하지 아니한 특정소방대상물의 관계인 또는 소방안전관리대상물의 소방안전관리자
(4) 피난유도 안내정보를 제공하지 아니한 자
(5) 소방훈련 및 교육을 하지 아니한 자

정답 ④

21 피난시설, 방화구획 또는 방화시설의 폐쇄・훼손・변경 등의 행위를 한 자의 벌칙은?

① 300만원 이하의 과태료 ② 200만원 이하의 과태료
③ 50만원 이하의 과태료 ④ 100만원 이하의 과태료

해설 300만원 이하의 과태료

(1) **소방시설**을 **화재안전기준**에 따라 설치・관리하지 아니한 자
(2) 피난시설, 방화구획 또는 방화시설의 **폐쇄・훼손・변경** 등의 행위를 한 자 보기 ①

정답 ①

22 다음 중 프로판의 폭발범위는?

유사문제 23년 문11 22년 문15

① 1.5~9.5% ② 1.1~9.5%
③ 2.1~9.0% ④ 2.1~9.5%

해설 LPG(액화석유가스)의 폭발범위

부 탄	프로판
1.8~8.4%	2.1~9.5% 보기 ④

정답 ④

23 다음 중 방염성능기준 이상의 실내장식물을 설치하여야 할 장소로 틀린 것은?

유사문제 23년 문08 20년 문04

① 15층 이상의 시설 ② 종교시설
③ 합숙소 ④ 수영장

교재 P.36

해설

④ 수영장 제외

방염성능기준 이상 적용 특정소방대상물

(1) 층수가 **11층 이상**인 것(아파트 제외 : 2026. 12. 1. 삭제) 보기 ①
(2) 체력단련장, 공연장 및 종교집회장
(3) 문화 및 집회시설(옥내에 있는 시설)
(4) 종교시설 보기 ②

(5) 운동시설(**수영장**은 **제외**) 보기 ④
(6) 의료시설(요양병원 등)
(7) 의원, 조산원, 산후조리원
(8) 합숙소 보기 ③
(9) 노유자시설
(10) 숙박이 가능한 수련시설
(11) 숙박시설
(12) 방송국 및 촬영소
(13) 다중이용업소(단란주점영업, 유흥주점영업, 노래연습장업의 영업장 등)

정답 ④

★★★
24 화재안전조사 결과에 따른 조치명령 위반자의 벌칙사항은?

① 1년 이하의 징역 또는 1000만원 이하의 벌금
② 3년 이하의 징역 또는 3000만원 이하의 벌금
③ 5년 이하의 징역 또는 5000만원 이하의 벌금
④ 1년 이하의 징역 또는 3000만원 이하의 벌금

해설 **3년 이하의 징역 또는 3000만원 이하의 벌금**
(1) 정당한 사유 없이 **화재안전조사** 결과에 따른 조치명령을 위반한 자 보기 ②
(2) 화재예방안전진단 결과에 따른 보수·보강 등의 조치명령을 정당한 사유 없이 위반한 자
(3) **소방시설**이 **화재안전기준**에 따라 설치·관리되지 않아 관계인에게 필요한 조치명령을 정당한 사유 없이 위반한 자
(4) **피난시설**, **방화구획** 및 **방화시설**의 유지·관리를 위하여 필요한 조치명령을 정당한 사유 없이 위반한 자
(5) 소방시설 자체점검결과에 따라 이행계획을 완료하지 아니한 경우 필요한 조치의 이행명령시에 정당한 사유 없이 위반한 자

정답 ②

★★
25 실내 전체가 화염에 휩싸이는 상태를 무엇이라 하는가?

① 최성기
② 최성장기
③ 최고점
④ 성장기

해설 **성장기 vs 최성기**

성장기	최성기
• 실내 **전**체가 **화**염에 휩싸이는 **플**래시오버 상태 보기 ④ 공하성 기억법 성전화플(화플! 와플!)	• 내화구조 : 실내온도 **800~1050℃에 달함** • 목조건물 : 실내온도 1100~1350℃에 달함

정답 ④

제 2 과목

★
26 응급처치의 기본사항으로 기도확보(기도유지)가 필요하다. 다음의 보기 중 환자의 입(구강)내에 이물질이 있을 경우에 응급처치 방법으로 틀린 것은?

유사문제 20년 문31
교재 P.277

① 이물질이 빠져나올 수 있도록 기침을 유도한다.
② 만약 기침을 할 수 없는 경우 하임리히법을 실시한다.
③ 눈에 보이는 이물질은 손을 넣어 제거한다.
④ 이물질이 제거된 후 머리를 뒤로 젖히고, 턱을 뒤로 들어 올려 기도가 개방되도록 한다.

③ 손을 넣어 제거 함부로 제거하려 해서는 안된다.

응급처치요령(기도확보)
(1) 환자의 입 내에 **이물질**이 있을 경우 **기침**을 **유도**한다. 보기 ①
(2) 환자의 입 내에 눈에 보이는 이물질이라 하여 함부로 제거하려 해서는 안 된다. 보기 ③
(3) 이물질이 제거된 후 머리를 뒤로 젖히고, 턱을 위로 들어 올려 기도가 개방되도록 한다. 보기 ④
(4) 환자가 기침을 할 수 없는 경우 **하임리히법**을 실시한다. 보기 ②
(5) 환자가 구토를 하는 경우, 머리를 옆으로 돌려 구토물의 흡입으로 인한 질식을 예방한다.

정답 ③

★★
27 위험물안전관리법에서 정하는 용어의 정의 및 종류에 대한 설명 중 틀린 것은?

유사문제 22년 문16
교재 PP.84-85

① 질산의 지정수량은 300kg이다.
② 위험물이란 인화성 또는 발화성 등의 성질을 가지는 것으로서 대통령령이 정하는 물품을 말한다.
③ 지정수량이란 제조소 등의 설치허가 등에 있어 최고기준의 수량이다.
④ 등유의 지정수량은 1000L이다.

해설 **지정수량**
위험물의 종류별로 위험성을 고려하여 **대통령령**이 설치허가 등에 있어서 **최저기준**이 되는 수량을 말한다.

정답 ③

★★★
28 자동화재탐지설비의 수신기에 대한 설명으로 옳은 것은?

유사문제 21년 문15
교재 PP.127-128

① 종류로는 P형 수신기, R형 수신기, T형 수신기가 있다.
② 수신기의 조작스위치는 높이가 0.5m 이상일 것
③ 수신기의 조작스위치는 높이가 1.8m 이하일 것
④ 수위실 등 상시 사람이 근무하고 있는 장소에 설치할 것

해설 자동화재탐지설비의 수신기

(1) 종류로는 **P형** 수신기, **R형** 수신기가 있다. 보기 ①
(2) 조작스위치는 바닥으로부터 **0.8~1.5m** 이하의 높이에 설치할 것 보기 ②③
(3) 수위실 등 상시 사람이 근무하고 있는 장소에 설치할 것 보기 ④

정답 ④

★★★
29 자동화재탐지설비의 발신기에서 스위치의 높이로 옳은 것은?

① 0.8~1.5m ② 1.5~1.6m
③ 0.5~1.0m ④ 0.3~0.5m

해설 발신기 스위치

0.8~1.5m의 높이에 설치한다. 보기 ①

정답 ①

★★
30 어떤 특정소방대상물에 소방안전관리자를 선임 중 2020년 7월 1일 소방안전관리자를 해임하였다. 해임한 날부터 며칠 이내에 선임하여야 하고 소방안전관리자를 선임한 날부터 며칠 이내에 관할소방서장에게 신고하여야 하는지 옳은 것은?

유사문제 20년 문16

① 선임일 : 2020년 7월 14일, 선임신고일 : 2020년 7월 25일
② 선임일 : 2020년 7월 20일, 선임신고일 : 2020년 8월 10일
③ 선임일 : 2020년 8월 1일, 선임신고일 : 2020년 8월 15일
④ 선임일 : 2020년 8월 1일, 선임신고일 : 2020년 8월 30일

해설 소방안전관리자의 선임신고

선 임	선임신고	신고대상
30일 이내	**14일** 이내	**관할소방서장**

해임한 날이 2020년 7월 1일이고 해임한 날부터 **30일** 이내에 소방안전관리자를 선임하여야 하므로 선임일은 7월 14일, 7월 20일은 맞고, 8월 1일은 31일이 되므로 틀리다(7월달은 31일까지 있기 때문이다). 하지만 **선임신고일**은 선임한 날부터 **14일** 이내이므로 2020년 7월 25일만 해당이 되고, 나머지 ②, ④는 선임한 날부터 14일이 넘고 ③은 14일이 넘지는 않지만 선임일이 30일이 넘으므로 답은 ①번이 된다.

정답 ①

★★★
31 분말소화기 내용연수로 옳은 것은?

① 3년 ② 5년
③ 7년 ④ 10년

해설 분말소화기 내용연수

(1) 10년
(2) 내용연수가 지난 제품은 교체 또는 성능확인

내용연수 경과 후 10년 미만	내용연수 경과 후 10년 이상
3년	1년

정답 ④

★★★
32 예비전원 시험스위치 누름시 측정되는 정상 전압계의 범위로 옳은 것은?

유사문제 23년 문34 22년 문28
교재 P.143

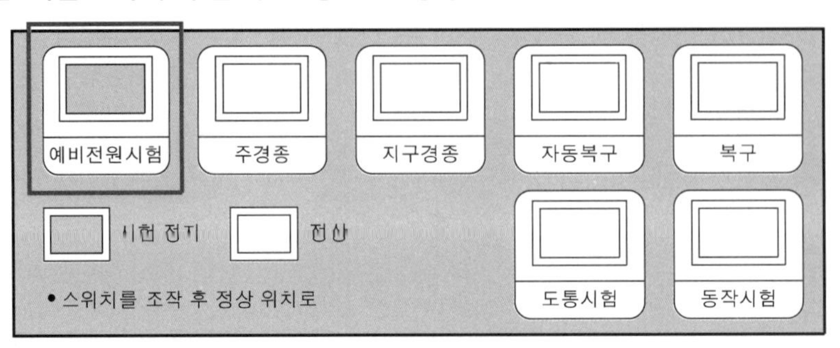

① 5~10V　② 0~5V
③ 12~24V　④ 19~29V

해설 | 예비전원시험 적부 판정 |

전압계인 경우 정상	램프방식인 경우 정상
19~29V 보기 ④	녹색

비교 | 회로도통시험 적부 판정 | 교재 P.141

구 분	전압계가 있는 경우	도통시험확인등이 있는 경우
정상	4~8V	정상확인등 점등(녹색)
단선	0V	단선확인등 점등(적색)

정답 ④

★★★
33 K급 화재의 적응물질로 맞는 것은?

유사문제 23년 문07 22년 문08 20년 문10

교재 PP.58-59, P.103

① 목재　② 유류
③ 금속류　④ 동·식물성 유지

해설 화재의 종류

종 류	적응물질	소화약제
일반화재(A급)	• 보통가연물(폴리에틸렌 등) • 종이 • 목재, 면화류, 석탄 • **재를 남김**	① 물 ② 수용액

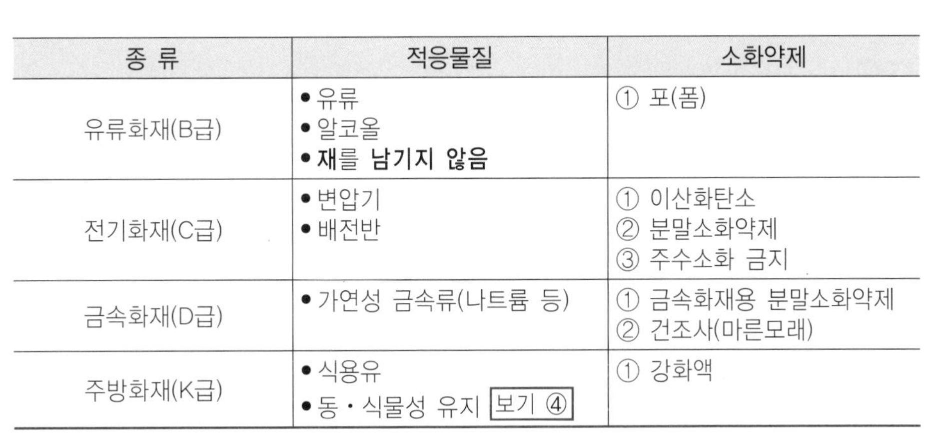

종 류	적응물질	소화약제
유류화재(B급)	• 유류 • 알코올 • **재를 남기지 않음**	① 포(폼)
전기화재(C급)	• 변압기 • 배전반	① 이산화탄소 ② 분말소화약제 ③ 주수소화 금지
금속화재(D급)	• 가연성 금속류(나트륨 등)	① 금속화재용 분말소화약제 ② 건조사(마른모래)
주방화재(K급)	• 식용유 • 동·식물성 유지 보기 ④	① 강화액

정답 ④

34

최상층의 옥내소화전설비 방수압력을 시험하고 있다. 그림 중 옥내소화전설비의 동력제어반 상태, 점검결과, 불량내용 순으로 옳은 것은? (단, 동력제어반 정상위치 여부만 판단한다.)

유사문제
23년 문46
23년 문49
22년 문37

교재
p.119

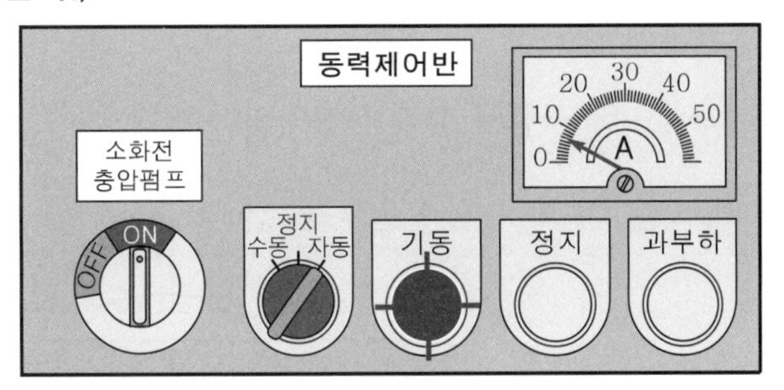

① 펌프 수동 기동, ×, 펌프 자동 기동불가
② 펌프 수동 기동, ○, 이상 없음
③ 펌프 자동 기동, ○, 이상 없음
④ 펌프 자동 기동, ×, 알 수 없음

해설

동력제어반 선택스위치가 자동이고, 기동램프가 점등되어 있으므로 동력제어반 상태는 자동기동, 점검결과 불량내용이 이상 없으므로 ○, 불량내용 이상 없음.

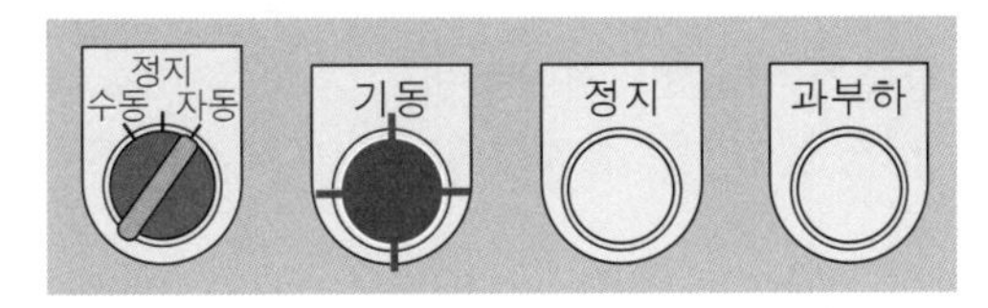

정답 ③

★★
35 그림은 일반인 구조자에 대한 기본소생술 흐름도이다. 빈칸 ㉠의 절차에 대한 내용으로 옳지 않은 것은?

유사문제
23년 문48
23년 문50
22년 문34
교재
p.289

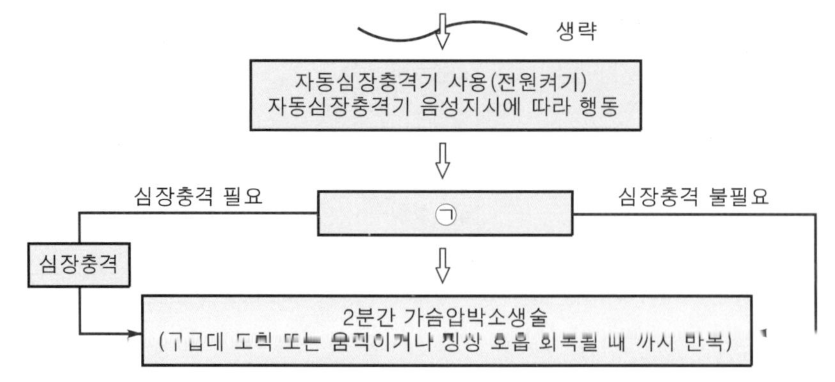

① ㉠에 필요한 장비는 자동심장충격기이다.

② ㉠의 장비는 2분마다 환자의 심전도를 자동으로 분석한다.

③ ㉠의 장비는 심장리듬 분석 후 심장충격이 필요한 경우에만 심장충격 버튼이 깜박인다.

④ ㉠은 반드시 여러 사람이 함께 사용하여야 한다.

해설

④ 여러 사람이 함께 사용 → 한 사람이 사용

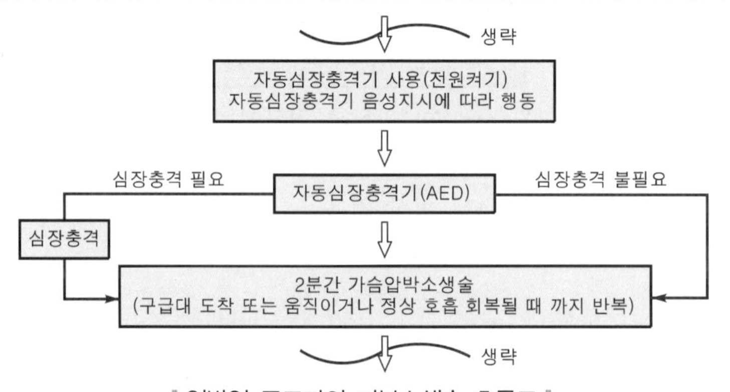

‖ 일반인 구조자의 기본소생술 흐름도 ‖

자동심장충격기(AED) 사용방법

(1) 자동심장충격기를 심폐소생술에 방해가 되지 않는 위치에 놓은 뒤 전원버튼을 누른다.

(2) 환자의 상체를 노출시킨 다음 패드 포장을 열고 2개의 패드를 환자의 가슴에 붙인다.

(3) 패드는 **왼쪽 젖꼭지 아래의 중간 겨드랑선**에 설치하고 **오른쪽 빗장뼈**(쇄골) 바로 **아래**에 붙인다.

‖ 패드의 부착위치 ‖

패드 1	패드 2
오른쪽 빗장뼈(쇄골) 바로 아래	왼쪽 젖꼭지 아래의 중간 겨드랑선

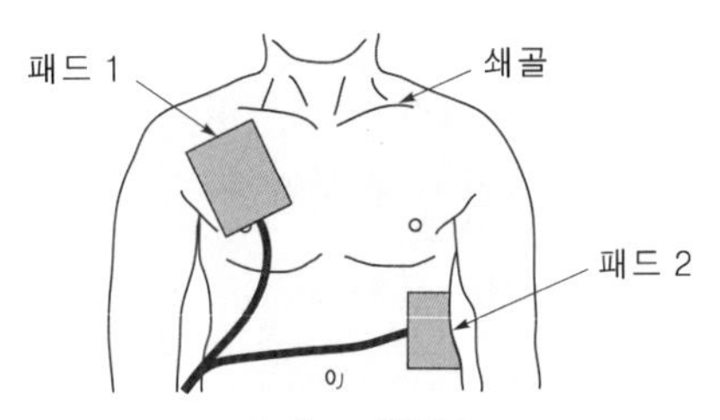

‖ 패드 위치 ‖

(4) 심장충격이 필요한 환자인 경우에만 제세동(심장충격)버튼이 깜박이기 시작하며, 깜박일 때 심장충격버튼을 눌러 심장충격을 시행한다. 보기 ③

(5) 심장충격버튼을 누르기 전(누른 후에는 ×)에는 반드시 주변사람 및 구조자가 환자에게서 떨어져 있는지 다시 한 번 확인한 후에 실시하도록 한다.

(6) 심장충격이 필요 없거나 심장충격을 실시한 이후에는 즉시 **심폐소생술**을 다시 시작한다.

(7) **2분**마다 심장리듬을 분석한 후 반복 시행한다. 보기 ②

(8) 반드시 한 사람이 사용해야 한다. 보기 ④

정답 ④

36 다음 중 소방안전관리자 현황표에 기입하지 않아도 되는 사항은?

유사문제 20년 문22

교재 p.211

① 소방안전관리자 현황표의 대상명
② 소방안전관리자의 선임일자
③ 소방안전관리대상물의 등급
④ 관계인의 인적사항

해설

④ 해당없음

소방안전관리자 현황표 기입사항

(1) 소방안전관리자 현황표의 **대상명** 보기 ①
(2) 소방안전관리자의 **이름**
(3) 소방안전관리자의 **연락처**
(4) 소방안전관리자의 **선임일자** 보기 ②
(5) 소방안전관리대상물의 **등급** 보기 ③

정답 ④

기출문제 2021

★★★

37 다음은 수신기의 일부분이다. 그림과 관련된 설명 중 옳은 것은?

유사문제 24년 문26 24년 문37 24년 문50 22년 문47
교재 PP.138-144

① 수신기 스위치 상태는 정상이다.
② 예비전원을 확인하여 교체한다.
③ 수신기 교류전원에 문제가 발생했다.
④ 예비전원이 정상상태임을 표시한다.

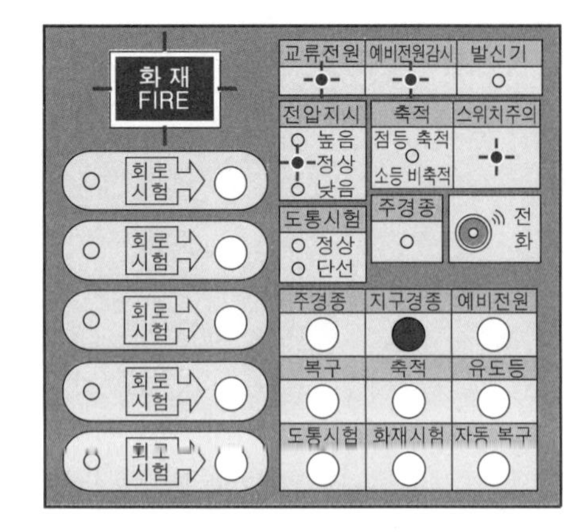

해설

① 정상 → 비정상
스위치주의등이 점멸하고 있으므로 수신기 스위치 상태는 비정상이다.

② 예비전원 감시램프가 점등되어 있으므로 예비전원을 확인하여 교체한다.

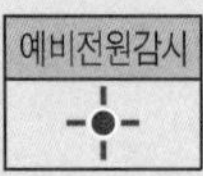

③ 교류전원램프가 점등되어 있고 전압지시 정상램프가 점등되어 있으므로 수신기 교류전원에 문제가 없다.

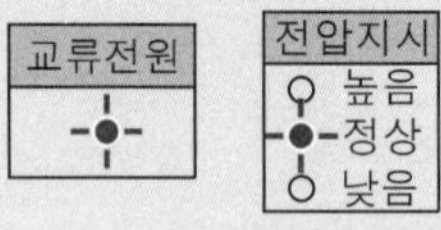

④ 예비전원 감시램프가 점등되어 있으므로 예비전원이 정상상태가 아니다.

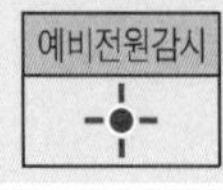

정답 ②

★★★

38 바닥면적이 2000m^2인 근린생활시설에 3단위 분말소화기를 비치하고자 한다. 소화기의 개수는 최소 몇 개가 필요한가? (단, 이 건물은 내화구조로서 벽 및 반자의 실내에 면하는 부분이 불연재료이다.)

유사문제 23년 문16 22년 문05 20년 문28
교재 P.106

① 3개　　② 4개
③ 5개　　④ 6개

해설 특정소방대상물별 소화기구의 능력단위기준

특정소방대상물	소화기구의 능력단위	건축물의 주요구조부가 **내화구조**이고, 벽 및 반자의 실내에 면하는 부분이 **불연재료·준불연재료** 또는 **난연재료**로 된 특정소방대상물의 능력단위
• **위**락시설 공하성 기억법 위3(위상)	바닥면적 **30**m^2마다 1단위 이상	바닥면적 **60**m^2마다 1단위 이상
• **공연**장 • **집**회장 • **관람**장 • **문**화재 • **장**례식장 및 **의**료시설 공하성 기억법 5공연장 문의 집관람 (손오공 연장 문의 집관람)	바닥면적 **50**m^2마다 1단위 이상	바닥면적 **100**m^2마다 1단위 이상
• **근**린생활시설 → • **판**매시설 • 운수시설 • **숙**박시설 • **노**유자시설 • **전**시장 • 공동**주**택(아파트 등) • **업**무시설(사무실 등) • **방**송통신시설 • 공장 • **창**고시설 • **항**공기 및 자동**차**관련시설, **관광**휴게시설 공하성 기억법 근판숙노전 주업방차창 1항 관광(근판숙노전 주업방차창 일본항 관광)	바닥면적 **100**m^2마다 1단위 이상	바닥면적 **200**m^2마다 1단위 이상
• 그 밖의 것	바닥면적 **200**m^2마다 1단위 이상	바닥면적 **400**m^2마다 1단위 이상

근린생활시설로서 **내화구조**이며, **불연재료**이므로 바닥면적 **200**m^2마다 1단위 이상이다.

$\frac{2000\text{m}^2}{200\text{m}^2} = 10$단위

$\frac{10\text{단위}}{3\text{단위}} = 3.3 ≒ 4$개(소수점 올림)

소화기구의 능력단위 교재 P.106	소방안전관리보조자 교재 P.22
소수점 발생시 소수점을 올린다(**소수점 올림**).	소수점 발생시 소수점을 버린다(**소수점 내림**).

정답 ②

기출문제 2021

39 아래의 옥내소화전함을 보고 동력제어반의 모습으로 옳은 것을 보기(㉠~㉧)에서 있는대로 고른 것은?

유사문제 23년 문46 23년 문49 22년 문37

교재 P.119

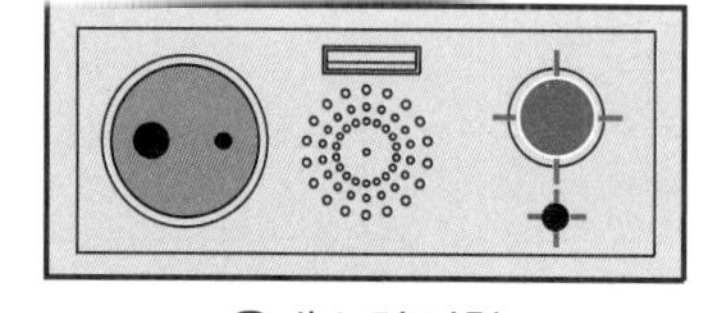

옥내소화전함

동력 제어반	주펌프		
	기동표시등	정지표시등	펌프기동표시등
㉠	점등	소등	점등
㉡	소등	소등	점등
㉢	점등	점등	점등
㉣	점등	소등	소등
동력 제어반	**충압펌프**		
	기동표시등	정지표시등	펌프기동표시등
㉤	소등	점등	점등
㉥	소등	소등	소등
㉦	점등	소등	점등
㉧	소등	점등	소등

① ㉠, ㉧ ② ㉢, ㉥
③ ㉢, ㉦ ④ ㉠, ㉥

해설

주펌프 기동상태 보기 ㉠	충압펌프 정지상태 보기 ㉧
① 기동표시등 : 점등 ② 정지표시등 : 소등 ③ 펌프기동표시등 : 점등	① 기동표시등 : 소등 ② 정지표시등 : 점등 ③ 펌프기동표시등 : 소등

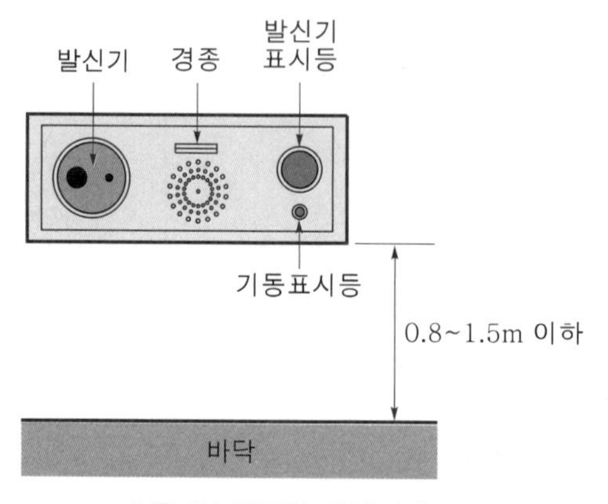

옥내소화전함 발신기세트

정답 ①

★★
40 자동심장충격기(AED) 패드 부착 위치로 옳은 것은?

유사문제
23년 문50
22년 문34
22년 문43

교재
PP.287-288

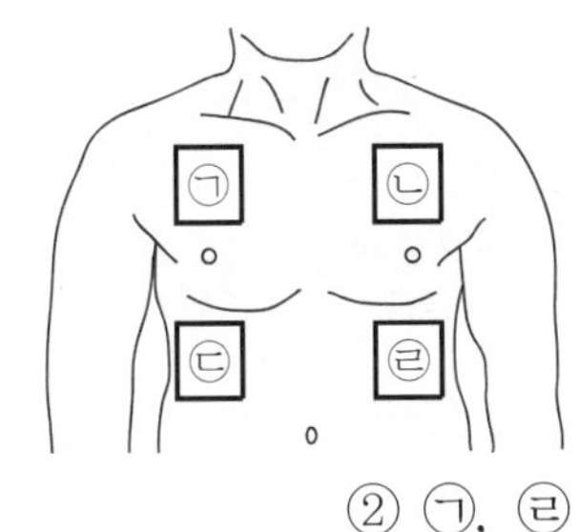

① ㉠, ㉢ ② ㉠, ㉣
③ ㉡, ㉢ ④ ㉡, ㉣

해설 **자동심장충격기(AED) 사용방법**

(1) 자동심장충격기를 심폐소생술에 방해가 되지 않는 위치에 놓은 뒤 전원버튼을 누른다.
(2) 환자의 상체를 노출시킨 다음 패드 포장을 열고 2개의 패드를 환자의 가슴에 붙인다.
(3) 패드는 **왼쪽 젖꼭지 아래의 중간 겨드랑선**에 설치하고 **오른쪽 빗장뼈**(쇄골) 바로 **아래**에 붙인다.

‖ 패드의 부착위치 ‖

패드 1	패드 2
오른쪽 빗장뼈(쇄골) 바로 아래	왼쪽 젖꼭지 아래의 중간 겨드랑선

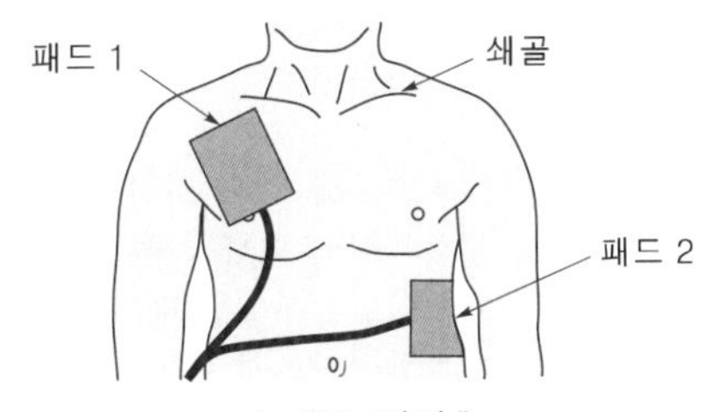

‖ 패드 위치 ‖

(4) 심장충격이 필요한 환자인 경우에만 제세동 버튼이 깜박이기 시작하며, 깜박일 때 심장충격버튼을 눌러 심장충격을 시행한다.
(5) 심장충격버튼을 누르기 전에는 반드시 주변사람 및 구조자가 환자에게서 떨어져 있는지 다시 한 번 확인한 후에 실시하도록 한다.
누른 후에는 ×
(6) 심장충격이 필요 없거나 심장충격을 실시한 이후에는 즉시 **심폐소생술**을 다시 시작한다.
(7) **2분**마다 심장리듬을 분석한 후 반복 시행한다.

정답 ②

기출문제 2021

41 다음 중 소방교육 및 훈련의 원칙에 해당되지 않는 것은?

① 목적의 원칙
② 교육자 중심의 원칙
③ 현실의 원칙
④ 관련성의 원칙

② 교육자 중심 → 학습자 중심

소방교육 및 훈련의 원칙

원 칙	설 명
현실의 원칙 보기 ③	• 학습자의 능력을 고려하지 않은 훈련은 비현실적이고 불완전하다.
학습자 중심의 원칙 보기 ②	• **한 번에 한 가지씩** 습득 가능한 분량을 교육 및 훈련시킨다. • **쉬운 것**에서 **어려운 것**으로 교육을 실시하되 기능적 이해에 비중을 둔다. • 학습자에게 감동이 있는 교육이 되어야 한다. 공하성 기억법 학한
동기부여의 원칙	• **교육**의 **중요성**을 **전달**해야 한다. • 학습을 위해 적절한 스케줄을 적절히 배정해야 한다. • 교육은 시기적절하게 이루어져야 한다. • 핵심사항에 교육의 포커스를 맞추어야 한다. • 학습에 대한 보상을 제공해야 한다. • 교육에 재미를 부여해야 한다. • 교육에 있어 다양성을 활용해야 한다. • 사회적 상호작용을 제공해야 한다. • 전문성을 공유해야 한다. • 초기성공에 대해 격려해야 한다.
목적의 원칙 보기 ①	• 어떠한 기술을 어느 정도까지 익혀야 하는가를 명확하게 제시한다. • 습득하여야 할 기술이 활동 전체에서 어느 위치에 있는가를 인식하도록 한다.
실습의 원칙	• **실습**을 통해 지식을 습득한다. • 목적을 생각하고, 적절한 방법으로 정확하게 하도록 한다.
경험의 원칙	• 경험했던 사례를 들어 현실감 있게 하도록 한다.
관련성의 원칙 보기 ④	• 모든 교육 및 훈련 내용은 **실무적**인 **접목**과 **현장성**이 있어야 한다.

공하성 기억법 **현학동 목실경관교**

정답 ②

★★
42 화재감지기가 (a), (b)와 같은 방식의 배선으로 설치되어 있다. (a), (b)에 대한 설명으로 옳지 않은 것은?

교재
P.132,
P.141

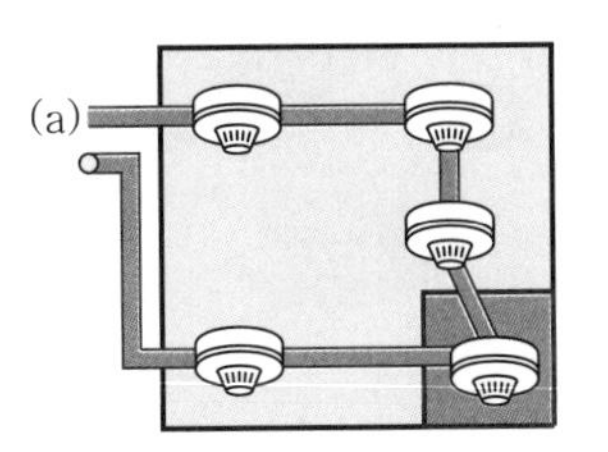

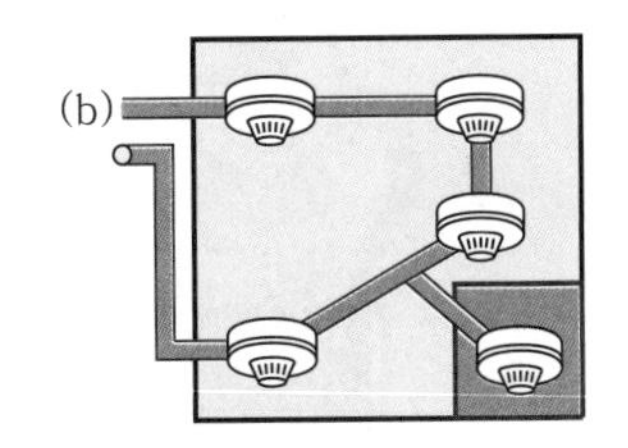

① (a)방식으로 설치된 선로를 도통시험할 경우 정상인지 단선인지 알 수 있다.
② (a)방식의 배선방식 목적은 독립된 실에 설치하는 감지기 사이의 단선 여부를 확인하기 위함이다.
③ (b)방식의 배선방식은 독립된 실내 감지기 선로 단선시 도통시험을 통하여 감지기 단선 여부를 확인할 수 없다.
④ (b)방식의 배선방식을 송배선방식이라 한다.

④ 이라 한다. → 이 아니다.
- (a)방식 : 송배선식(○), (b)방식 : 송배선식(×)

① 송배선식이므로 도통시험으로 정상인지 단선인지 알 수 있다. (○)
② 송배선식이므로 감지기 사이의 단선 여부를 확인할 수 있다. (○)
③ 송배선식이 아니므로 감지기 단선 여부를 확인할 수 없다. (○)

용어 **송배선식** 교재 P.132

도통시험(선로의 정상연결 유무확인)을 원활히하기 위한 배선방식

④

기출문제 2021

43 다음 중 소화기를 점검하고 있다. 옳지 않은 것은?

유사문제
23년 문15
23년 문47
22년 문09

교재
PP.103-104

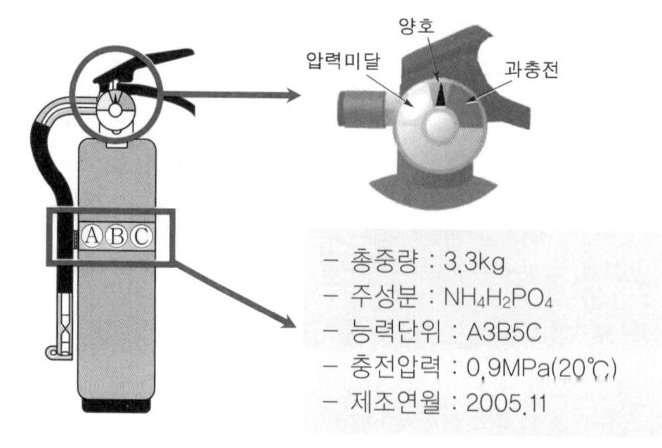

① 축압식 분말소화기를 점검하고 있다.
② 금속화재에 적응성이 있다.
③ 0.7~0.98MPa 압력을 유지하고 있다.
④ 내용연수 초과로 소화기를 교체해야 한다.

해설

① 주성분 : $NH_4H_2PO_4$(제1인산암모늄)이므로 축압식 분말소화기이다.

‖ 소화약제 및 적응화재 ‖

적응화재	소화약제의 주성분	소화효과
BC급	탄산수소나트륨($NaHCO_3$)	• 질식효과 • 부촉매(억제)효과
	탄산수소칼륨($KHCO_3$)	
ABC급	제1인산암모늄($NH_4H_2PO_4$)	
BC급	탄산수소칼륨($KHCO_3$)+요소($(NH_2)_2CO$)	

② 있다. → 없다.
능력단위 : A 3 B 5 C 이므로 금속화재는 적응성이 없다.
(A : 일반화재, B : 유류화재, C : 전기화재)

참고 소화능력단위

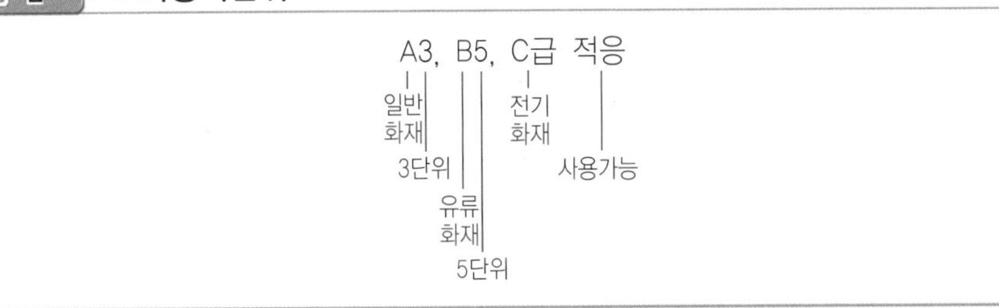

③ 충전압력 : 0.9MPa이므로 0.7~0.98MPa 압력을 유지하고 있다.
- 용기 내 압력을 확인할 수 있도록 지시압력계가 부착되어 사용가능한 범위가 0.7~0.98MPa로 녹색으로 되어 있음

지시압력계

① 노란색(황색) : 압력부족
② 녹색 : 정상압력
③ 적색 : 정상압력 초과

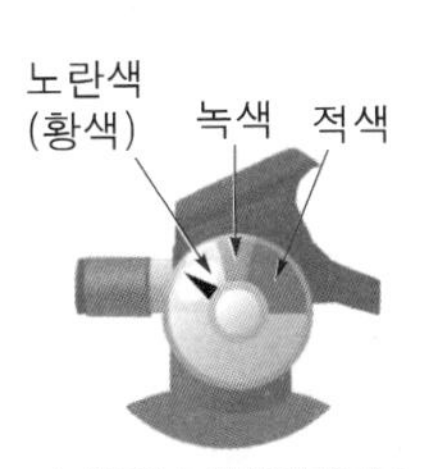

| 소화기 지시압력계 |

| 지시압력계의 색표시에 따른 상태 |

노란색(황색)	녹 색	적 색
압력이 부족한 상태	정상압력 상태	정상압력보다 높은 상태

④ 제조연월 : 2005.11이고 내용연수는 10년이므로 2015 11월까지가 유효기간이다. 내용연수 초과로 소화기를 교체하여야 한다.

분말소화기 vs 이산화탄소소화기

분말소화기	이산화탄소소화기
10년	내용연수 없음

정답 ②

★★★

44 옥내소화전설비의 동력제어반과 감시제어반을 나타낸 것이다. 옳지 않은 것은?

유사문제
23년 문46
23년 문49
22년 문37

교재
PP.119-120

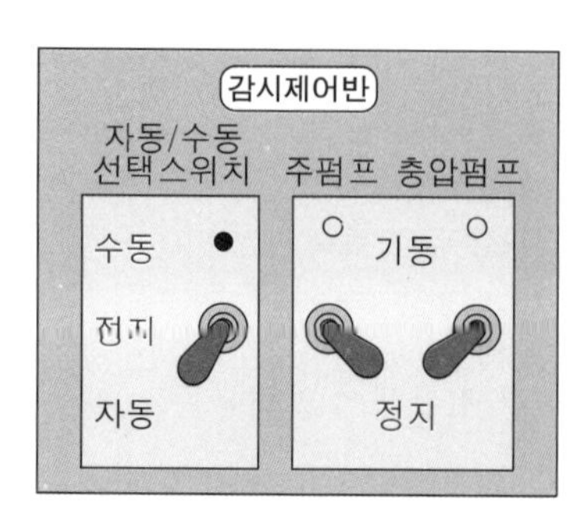

① 감시제어반은 정상상태로 유지·관리되고 있다.
② 동력제어반에서 주펌프 ON버튼을 누르면 주펌프는 기동하지 않는다.
③ 감시제어반에서 주펌프 스위치를 기동위치로 올리면 주펌프는 기동한다.
④ 동력제어반에서 충압펌프를 자동위치로 돌리면 모든 제어반은 정상상태가 된다.

해설

① 감시제어반 선택스위치 : 자동, 주펌프 : 정지, 충압펌프 : 정지상태이므로 감시제어반은 정상상태이므로 옳다.
② 주펌프 선택스위치가 자동이므로 ON버튼을 눌러도 주펌프는 기동하지 않으므로 옳다.
③ 기동한다. → 기동하지 않는다.
감시제어반에서 주펌프 스위치만 기동으로 올리면 주펌프는 기동하지 않는다. 감시제어반 선택스위치를 수동으로 올리고 주펌프 스위치를 기동으로 올려야 주펌프는 기동한다.
④ 동력제어반에서 충압펌프 스위치를 자동위치로 돌리면 모든 제어반은 정상상태가 되므로 옳다.

| 정상상태 |

동력제어반	감시제어반
주펌프 선택스위치 : 자동 • 주펌프 ON 램프 : 소등 • 주펌프 OFF 램프 : 점등 충압펌프 선택스위치 : 자동 • 충압펌프 ON 램프 : 소등 • 충압펌프 OFF 램프 : 점등	선택스위치 : 자동 주펌프 : 정지 충압펌프 : 정지

정답 ③

성인심폐소생술 중 가슴압박 시행에 해당하는 내용으로 옳은 것은?

교재 P.285

① 구조자는 깍지를 낀 두 손의 손바닥 앞꿈치를 가슴뼈(흉골)의 아래쪽 절반 부위에 댄다.
② 양팔을 쭉 편 상태로 체중을 실어서 환자의 몸과 수평이 되도록 가슴을 압박한다.
③ 가슴압박은 분당 100~120회의 속도와 5cm 깊이로 강하고 빠르게 시행한다.
④ 가슴압박시 갈비뼈가 압박되어 부러질 정도로 강하게 실시한다.

① 앞꿈치 → 뒤꿈치
② 수평 → 수직
④ 갈비뼈가 압박되어 부러질 정도로 강하게 실시하면 안된다.

| 심폐소생술의 진행 |

구 분	설 명
속 도	분당 **100~120회**
깊 이	약 **5cm(소아 4~5cm)**

정답 ③

소방계획의 주요 내용이 아닌 것은?

① 화재예방을 위한 자체점검계획 및 대응대책
② 소방훈련 및 교육에 관한 계획
③ 화재안전조사에 관한 사항
④ 위험물의 저장·취급에 관한 사항

③ 해당없음

소방안전관리대상물의 소방계획의 주요 내용

(1) 소방안전관리대상물의 위치·구조·연면적·용도 및 수용인원 등 일반 현황
(2) 소방안전관리대상물에 설치한 소방시설·방화시설·전기시설·가스시설 및 위험물 시설의 현황
(3) 화재예방을 위한 **자체점검계획** 및 **대응대책** 보기 ①
(4) **소방시설**·피난시설 및 방화시설의 **점검·정비계획**
(5) 피난층 및 피난시설의 위치와 피난경로의 설정, 화재안전취약자의 피난계획 등을 포함한 피난계획
(6) **방화구획**, 제연구획, 건축물의 내부 마감재료 및 방염물품의 사용현황과 그 밖의 방화구조 및 설비의 유지·관리계획
(7) **소방훈련** 및 **교육**에 관한 계획 보기 ②
(8) 소방안전관리대상물의 근무자 및 거주자의 **자위소방대** 조직과 대원의 임무(화재안전취약자의 피난보조임무를 포함)에 관한 사항
(9) **화기취급작업**에 대한 사전 안전조치 및 감독 등 공사 중 소방안전관리에 관한 사항

기출문제 2021

(10) 관리의 권원이 분리된 소방안전관리에 관한 사항
(11) **소화**와 **연소 방지**에 관한 사항
(12) **위험물**의 저장 · 취급에 관한 사항 보기 ④
(13) 소방안전관리에 대한 업무수행에 관한 기록 및 유지에 관한 사항
(14) 화재발생시 화재경보 **초기소화** 및 **피난유도** 등 초기대응에 관한 사항
(15) 그 밖에 소방안전관리를 위하여 **소방본부장** 또는 **소방서장**이 소방안전관리대상물의 위치 · 구조 · 설비 또는 관리상황 등을 고려하여 소방안전관리에 필요하여 요청하는 사항

정답 ③

47 (a)와 (b)에 대한 설명으로 옳지 않은 것은?

유사문제 23년 문45 22년 문35
교재 P.136

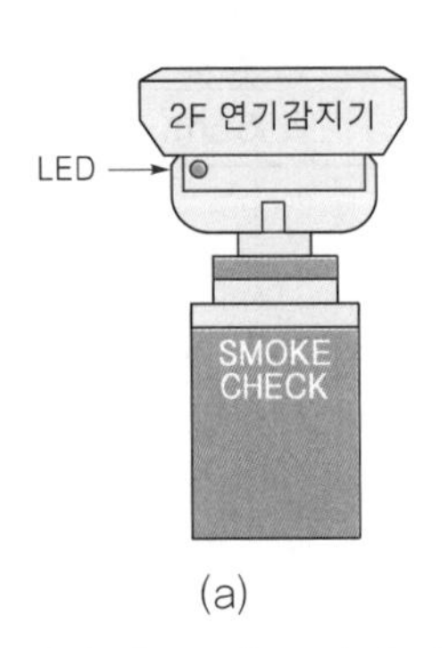

(a)

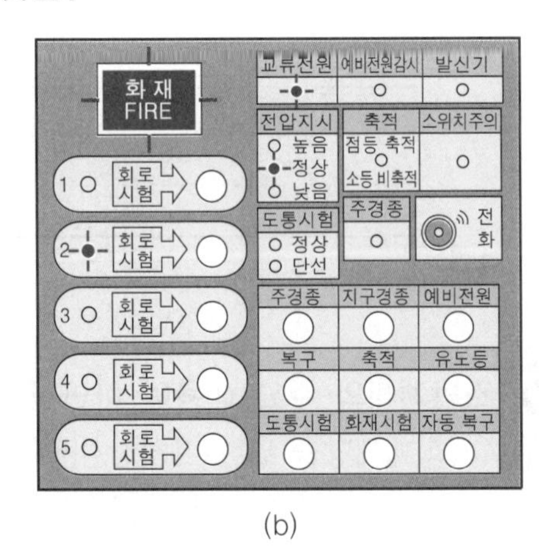

(b)

① (a)의 감지기는 할로겐열시험기로 작동시킬 수 없다.
② (a)의 감지기는 2층에 설치되어 있다.
③ 2층에 화재가 발생했기 때문에 (b)의 발신기표시등에도 램프가 점등되어야 한다.
④ (a)의 상태에서 (b)의 상태는 정상이다.

해설

① 연기감지기 시험기이므로 열감지기시험기로 작동시킬 수 없다. (○)
② (a)에서 2F(2층)이라고 했으므로 옳다. (○)
③ 점등되어야 한다. → 점등되지 않아야 한다.
(a)가 연기감지기 시험기이므로 감지기가 작동되기 때문에 발신기램프는 점등되지 않아야 한다.
④ (a)에서 2F(2층) 연기감지기 시험이므로 (b)에서 2층 램프가 점등되었으므로 정상이다. (○)

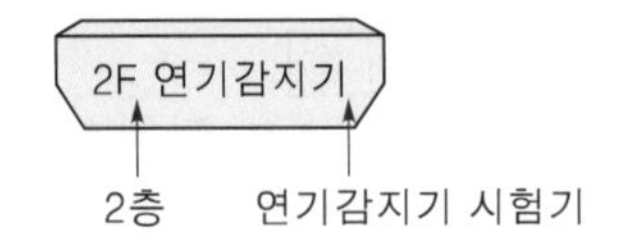

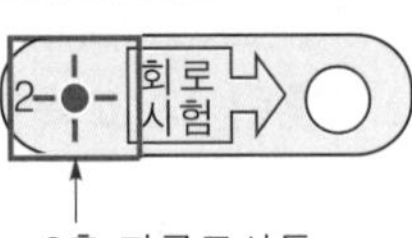

정답 ③

48 축압식 분말소화기의 점검결과 중 불량내용과 관련이 없는 것은?

교재 P.110

① 

② 

③ 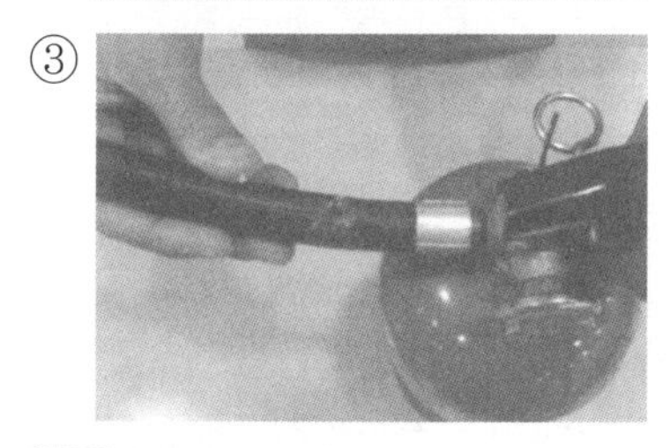

④ 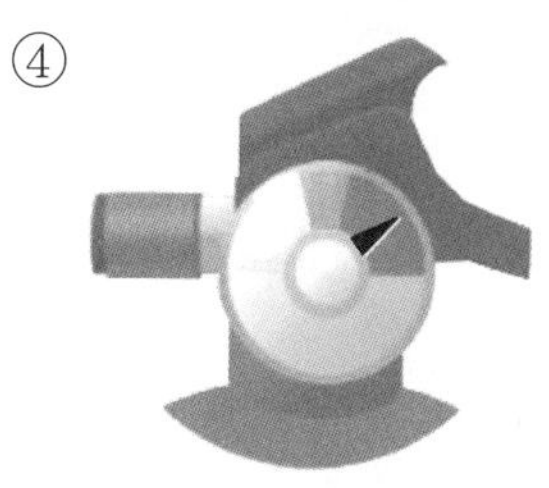

해설

① 이산화탄소소화설비 · 할론소화설비 소화기이므로 축압식 소화기와는 관련이 없다.
② 축압식 분말소화기 호스 탈락
③ 축압식 분말소화기 호스 파손
④ 축압식 분말소화기 압력이 높은 상태

(1) **호스 · 혼 · 노즐**

‖호스 파손‖

‖호스 탈락‖

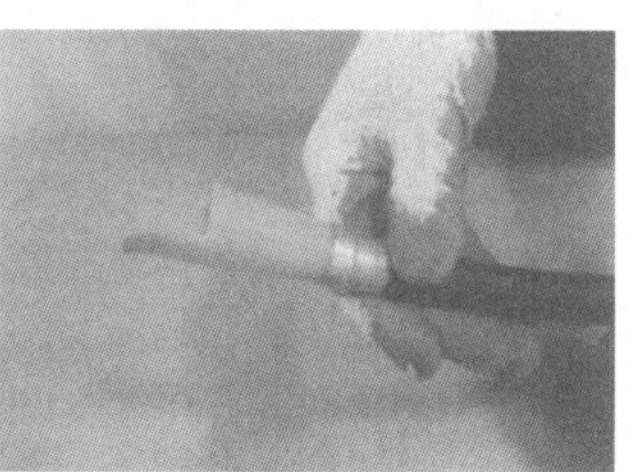

‖노즐 파손‖

‖혼 파손‖

(2) **지시압력계**

① 노란색(황색) : 압력부족
② 녹색 : 정상압력
③ 적색 : 정상압력 초과

▌소화기 지시압력계▌

- 용기 내 압력을 확인할 수 있도록 지시압력계가 부착되어 사용 가능한 범위가 0.7~0.98MPa로 녹색으로 되어 있음

▌지시압력계의 색표시에 따른 상태▌

노란색(황색)	녹 색	적 색
▌압력이 부족한 상태▌	▌정상압력 상태▌	▌정상압력보다 높은 상태▌

정답 ①

★★★

49 그림은 옥내소화전설비의 방수압력 측정방법과 실제 측정모습이다. ( )안에 들어갈 내용으로 옳은 것은?

유사문제
23년 문39
22년 문48
20년 문35

실무교재
P.82

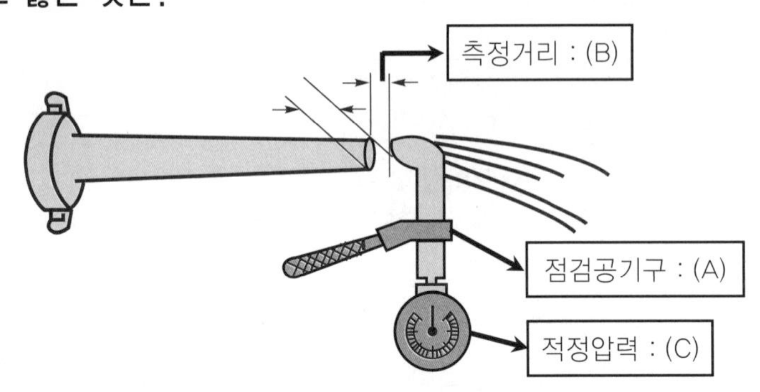

① (A) 레벨메타, (B) 노즐구경의 $\frac{1}{3}$, (C) 0.25~0.7MPa

② (A) 방수압력측정계, (B) 노즐구경의 $\frac{1}{2}$, (C) 0.17~0.7MPa

③ (A) 레벨메타, (B) 노즐구경의 $\frac{1}{2}$, (C) 0.17~0.7MPa

④ (A) 방수압력측정계, (B) 노즐구경의 $\frac{1}{3}$, (C) 0.1~1.2MPa

해설 **옥내소화전 방수압력 측정**

(1) 측정장치 방수압력측정계(피토게이지)

(2)

방수량	방수압력
130L/min	0.17~0.7MPa 이하 보기 ②

(3) 방수압력 측정방법 : 방수구에 호스를 결속한 상태로 노즐의 선단에 방수압력측정계(피토게이지)를 근접$\left(\frac{D}{2}\right)$시켜서 측정하고 방수압력측정계의 압력계상의 눈금을 확인한다.

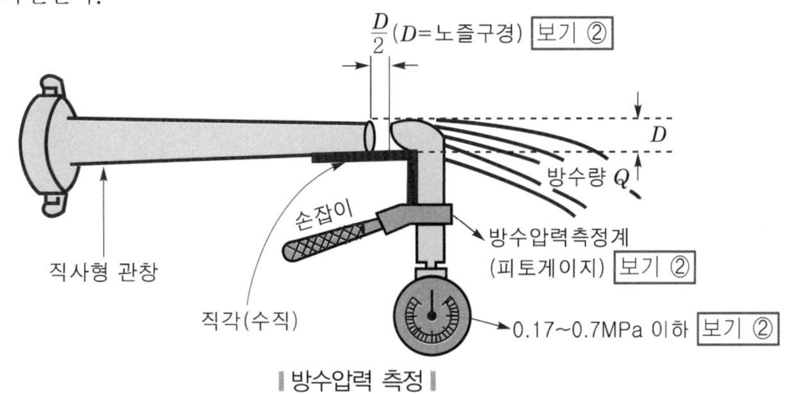

‖방수압력 측정‖

정답 ②

50 다음 중 자동심장충격기(AED)의 사용방법(순서로) 옳은 은 것은?

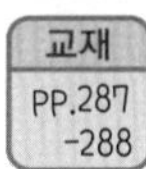

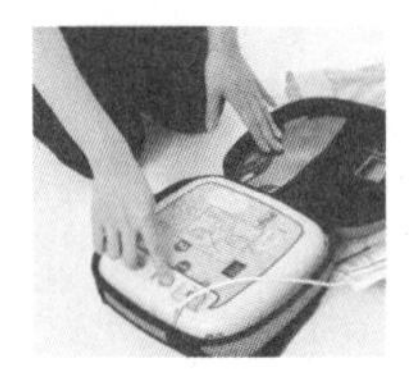

㉠ 전원켜기

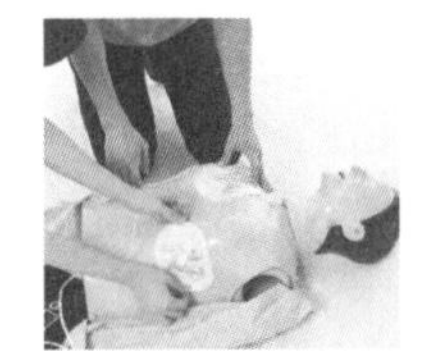

㉡ 2개의 패드 부착

㉢ 심장리듬 분석 및 심장충격 실시

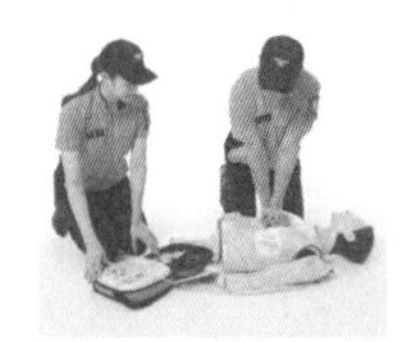

㉣ 심폐소생술 시행

① ㉠-㉡-㉢-㉣

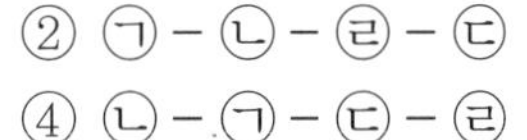

② ㉠-㉡-㉣-㉢

③ ㉡-㉠-㉣-㉢

④ ㉡-㉠-㉢-㉣

해설

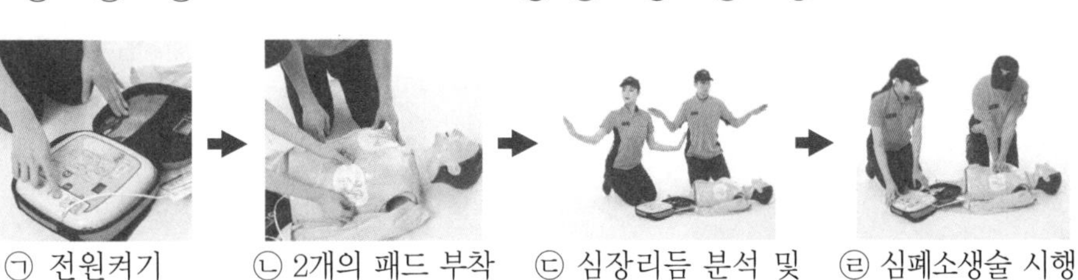

정답 ①

"다른 사람의 경주를 뛰지 말고, 자신만의 달리기를 완주하라."

- 조엘 오스틴 -

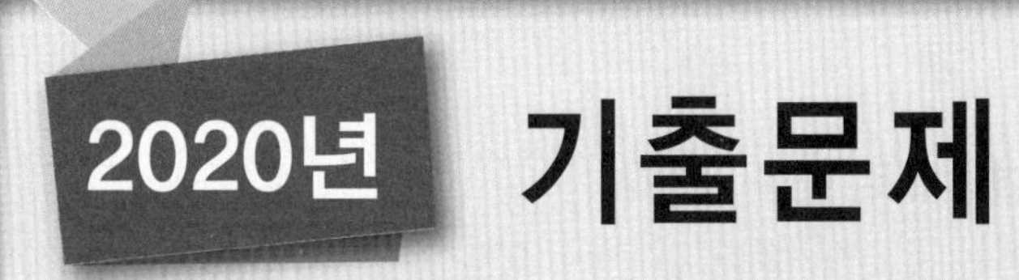

제 1 과목

01 다음 중 제거소화 방법이 아닌 것은?

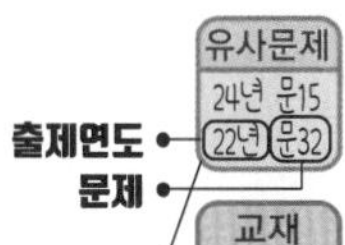

① 가스화재에서 밸브를 잠금
② 산림화재에서 화염이 진행하는 방향에 있는 나무 등 가연물을 미리 제거
③ 가연물 파괴
④ 불연성 기체의 방출

해설 소화방법의 예

제거소화	질식소화	냉각소화	억제소화
• 가스밸브의 **폐쇄** 보기 ① • 가연물 직접 **제거** 및 **파괴** 보기 ③ • **촛불**을 입으로 불어 가연성 증기를 순간적으로 날려 보내는 방법 • 산불화재시 진행방향의 나무 **제거** 보기 ②	• 불연성 기체로 연소물을 덮는 방법 보기 ④ • 불연성 포로 연소물을 덮는 방법 • 불연성 고체로 연소물을 덮는 방법	• 주수에 의한 냉각작용 • **이산화탄소소화약제**에 의한 **냉각작용**	• 화학적 작용에 의한 소화방법 • **할론**할로겐**화합물**에 의한 억제작용 • **분말소화약제**에 의한 억제작용

정답 ④

02 공기 중에 산소(체적비)는 약 몇 %가 존재하는가?

① 15 ② 18
③ 21 ④ 23

해설 공기 중 산소

체적비	중량비
21%	23%

정답 ③

기출문제 2020

★★
03 다음 중 자체점검에 대한 설명으로 옳은 것은?

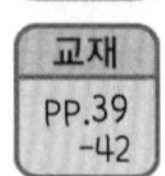

① 자체점검을 실시한 경우에는 점검이 끝난 날부터 10일 이내에 소방시설 등 자체점검 실시결과 보고서에 소방시설 등 점검표를 첨부하여 관계인에게 제출하여야 한다.
② 위험물제조소 등은 작동점검대상이다.
③ 종합점검시 소방시설별 점검장비를 이용하여 점검하지 않아도 된다.
④ 종합점검시 특급, 1급은 연 1회만 실시하면 된다.

해설

② 작동점검대상 → 작동점검 제외대상
③ 점검하지 않아도 된다. → 점검한다.
④ 특급, 1급은 연 1회만 → 특급은 반기별 1회 이상, 1급은 연 1회 이상

소방시설 등의 자체점검

(1) 소방시설 등의 자체점검

구 분	제출기간	제출처
관리업자 또는 소방안전관리자로 선임된 소방시설관리사·소방기술사	**10일** 이내	관계인
관계인	**15일** 이내	소방본부장·소방서장

(2) 소방시설 등 자체점검의 구분과 대상 점검자의 자격, 점검장비, 점검방법·횟수 및 시기

점검구분	정 의	점검대상	점검자의 자격(주된 인력)	점검횟수 및 점검시기
작동점검	소방시설 등을 인위적으로 조작하여 정상적으로 작동하는지를 점검하는 것	① 간이스프링클러설비·자동화재탐지설비	• 관계인 • 소방안전관리자로 선임된 소방시설관리사 또는 소방기술사 • 소방시설관리업에 등록된 기술인력 중 소방시설관리사 또는 「소방시설공사업법 시행규칙」에 따른 특급 점검자	• 작동점검은 **연 1회** 이상 실시하며, 종합점검대상은 종합점검을 받은 달부터 **6개월**이 되는 달에 실시 • 종합점검대상 외의 특정소방대상물은 **사용승인일**이 속하는 달의 **말일**까지 실시
		② ①에 해당하지 아니하는 특정소방대상물	• 소방시설관리업에 등록된 기술인력 중 소방시설관리사 • 소방안전관리자로 선임된 소방시설관리사 또는 소방기술사	
		③ 작동점검 제외대상 • 특정소방대상물 중 소방안전관리자를 선임하지 않는 대상 • 위험물제조소 등 • 특급 소방안전관리대상물		

점검 구분	정 의	점검대상	점검자의 자격 (주된 인력)	점검횟수 및 점검시기
종합 점검	소방시설 등의 작동점검을 포함하여 소방시설 등의 설비별 주요 구성 부품의 구조기준이 화재안전기준과 「건축법」 등 관련 법령에서 정하는 기준에 적합한지 여부를 점검하는 것 (1) 최초점검 : 해당 특정소방대상물의 소방시설 등이 신설된 경우 (2) 그 밖의 종합점검 : 최초점검을 제외한 종합점검	④ 소방시설 등이 신설된 경우에 해당하는 특정소방대상물 ⑤ **스프링클러설비**가 설치된 특정소방대상물 ⑥ **물분무등소화설비**(호스릴방식의 물분무등소화설비만을 설치한 경우는 제외)가 설치된 연면적 **5000m²** 이상인 특정소방대상물(위험물제조소 등 제외) ⑦ 다중이용업의 영업장이 설치된 특정소방대상물로서 연면적이 **2000m²** 이상인 것 ⑧ **제연설비**가 설치된 터널 ⑨ **공공기관** 중 연면적(터널·지하구의 경우 그 길이와 평균폭을 곱하여 계산된 값)이 **1000m²** 이상인 것으로서 옥내소화전설비 또는 자동화재탐지설비가 설치된 것(단, 소방대가 근무하는 공공기관 제외) 중요 **종합점검** ① 공공기관 : 1000m² ② 다중이용업 : 2000m² ③ 물분무등(호스릴 ×) : 5000m²	• 소방시설관리업에 등록된 기술인력 중 **소방시설관리사** • 소방안전관리자로 선임된 **소방시설관리사** 또는 **소방기술사**	〈점검횟수〉 ㉠ 연 1회 이상(특급 소방안전관리대상물은 반기에 1회 이상) 실시 ㉡ ㉠에도 불구하고 소방본부장 또는 소방서장은 소방청장이 소방안전관리가 우수하다고 인정한 특정소방대상물에 대해서는 3년의 범위에서 소방청장이 고시하거나 정한 기간 동안 종합점검을 면제할 수 있다(단, 면제기간 중 화재가 발생한 경우는 제외). 〈점검시기〉 ㉠ ④에 해당하는 특정소방대상물은 건축물을 사용할 수 있게 된 날부터 60일 이내 실시 ㉡ ㉠을 제외한 특정소방대상물은 건축물의 사용승인일이 속하는 달에 실시(단, 학교의 경우 해당 건축물의 사용승인일이 1월에서 6월 사이에 있는 경우에는 6월 30일까지 실시할 수 있다.) ㉢ 건축물 사용승인일 이후 ⑦에 따라 종합점검대상에 해당하게 된 경우에는 그 다음 해부터 실시 ㉣ 하나의 대지경계선 안에 2개 이상의 자체점검대상 건축물 등이 있는 경우 그 건축물 중 사용승인일이 가장 빠른 연도의 건축물의 사용승인일을 기준으로 점검할 수 있다.

중요 종합점검대상

① 스프링클러설비 · 제연설비(터널)
② 공공기관 연면적 $1000m^2$ 이상
③ 다중이용업 연면적 $2000m^2$ 이상
④ 물분무등소화설비(호스릴 제외) 연면적 $5000m^2$ 이상

정답 ①

★★
04 방염에 관한 다음 ( ) 안에 적당한 말로 옳은 것은?

유사문제
23년 문08
21년 문08
21년 문11
21년 문23

교재
PP.36-37

방염성능기준 이상의 실내장식물 등을 설치하여야 하는 장소는 (㉠)이며, 방염대상물품은 (㉡), 노유자시설에 사용하는 침구류는 방염처리된 물품의 사용을 (㉢)할 수 있다

① ㉠ 종교시설, ㉡ 가상체험 체육시설업에 설치하는 스크린, ㉢ 권장
② ㉠ 근린생활시설, ㉡ 영화상영관에 설치하는 스크린, ㉢ 명령
③ ㉠ 판매시설, ㉡ 가상체험 체육시설업에 설치하는 스크린, ㉢ 권장
④ ㉠ 교육연구시설, ㉡ 영화상영관에 설치하는 스크린, ㉢ 명령

해설 **방염기준**

(1) 방염성능기준 이상 적용 특정소방대상물
① 체력단련장, 공연장 및 종교집회장
② 문화 및 집회시설(옥내에 있는 시설)
③ 종교시설 보기 ㉠
④ 운동시설(수영장은 제외)
⑤ 의원, 조산원, 산후조리원
⑥ 의료시설(요양병원 등)
⑦ 합숙소
⑧ 노유자시설
⑨ 숙박이 가능한 수련시설
⑩ 숙박시설
⑪ 방송국 및 촬영소
⑫ 다중이용업소(단란주점영업, 유흥주점영업, 노래연습장업의 영업장 등)
⑬ 층수가 **11층 이상**인 것(아파트 제외)

(2) 방염대상물품 : **제조** 또는 **가공공정**에서 방염처리를 한 물품
① 창문에 설치하는 **커튼류**(블라인드 포함)
② 카펫
③ 두께 **2mm 미만**인 **벽지류**(**종이벽지 제외**)
④ **전시용 합판 · 섬유판**
⑤ **무대용 합판 · 섬유판**
⑥ **암막 · 무대막**(영화상영관 · 가상체험 체육시설업의 **스크린** 포함) 보기 ㉡

기출문제 2020

⑦ 섬유류 또는 합성수지류 등을 원료로 하여 제작된 **소파 · 의자**(단란주점 · 유흥주점 · 노래연습장에 한함)

(3) **방염처리된 물품의 사용을 권장할 수 있는 경우 : 다**중이용업소 · **의**료시설 · **노**유자시설 · **숙**박시설 · **장**례시설에 사용하는 **침구류**, **소파**, **의자** 보기 ⓒ

공하성 기억법 다의노숙장 침소의

정답 ①

05 연면적이 45000m²인 어느 특정소방대상물이 있다. 소방안전관리보조자의 최소 선임기준은 몇 명인가?

유사문제 22년 문26 21년 문01 20년 문17

교재 PP.19-22

① 소방안전관리보조자 : 1명 ② 소방안전관리보조자 : 2명
③ 소방안전관리보조자 : 3명 ④ 소방안전관리보조자 : 4명

해설 최소 선임기준

소방안전관리자	소방안전관리보조자
• 특정소방대상물마다 1명	• **300세대** 이상 아파트 : **1명**(단, **300세대 초과**마다 **1명** 이상 **추가**) • 연면적 **15000m²** 이상 : **1명**(단, **15000m²** 초과마다 **1명** 이상 **추가**) • **공동주택**(기숙사), **의료시설**, **노유자시설**, **수련시설** 및 **숙박시설**(바닥면적 합계 **1500m²** 미만이고, 관계인이 24시간 상시 근무하고 있는 숙박시설 제외) : **1명**

$$\text{소방안전관리보조자} : \frac{45000\text{m}^2}{15000\text{m}^2} = 3\text{명}$$

정답 ③

06 위험물류별 특성에 관한 다음 ( ) 안의 용어가 옳은 것은?

교재 PP.85-87

㉠ 제2류 위험물 : ( ) 고체
㉡ 제5류 위험물 : ( ) 물질

① 산화성, 가연성 ② 가연성, 인화성
③ 자연발화성, 산화성 ④ 가연성, 자기반응성

해설 위험물

유 별	성 질	설 명
제1류	산화성 고체  1산고(일산고)	강산화제

유 별	성 질	설 명
제2류	가연성 고체 보기 ④ 공화성 기억법 2가고(이가 고장)	저온착화
제3류	자연발화성 물질 및 금수성 물질 공화성 기억법 3발(세발낙지)	물과 반응
제4류	인화성 액체	물보다 가볍고 증기는 공기보다 무거움
제5류	자기반응성 물질 보기 ④	산소 함유 공화성 기억법 5산(오산지역)
제6류	산화성 액체 공화성 기억법 산액	조연성 액체

정답 ④

★★

07 다음 중 가연물질이 될 수 있는 것은?

교재 PP.54-55

① 헬륨　　② 네온
③ 일산화탄소　　④ 아르곤

해설 **가연물질이 될 수 없는 조건**

구 분	설 명
불활성 기체	• 산소와 결합하지 못하는 기체(헬륨, 네온, 아르곤)
산소와 화학반응을 일으킬 수 없는 물질	• 물 • 이산화탄소
산소와 화합하여 흡열반응하는 물질	• 질소 • 질소산화물
자체가 연소하지 아니하는 물질	• 돌 • 흙

정답 ③

기출문제 2020

★★★

08 다음은 액화석유가스(LPG)에 대한 다음 (　) 안의 내용으로 옳은 것은?

유사문제 24년 문17 23년 문11 22년 문03 22년 문15 21년 문10 21년 문22

교재 PP.90-92

㉠ 연소기로부터 수평거리 (　) 이내 위치에 가스누설경보기를 설치
㉡ 탐지기의 상단은 (　)의 상방 30cm 이내의 위치에 설치

① 4m, 천장면　　② 8m, 바닥면
③ 4m, 바닥면　　④ 8m, 천장면

해설 LPG vs LNG

구 분	LPG	LNG
증기비중	1보다 큰 가스	1보다 작은 가스
비 중	1.5～2	0.6
탐지기의 위치	탐지기의 **상단**은 **바닥면**의 **상방 30cm** 이내에 설치 보기 ③	탐지기의 **하단**은 **천장면**의 **하방 30cm** 이내에 설치
가스누설경보기의 위치	연소기 또는 관통부로부터 수평거리 **4m** 이내의 위치 보기 ③	연소기로부터 수평거리 **8m** 이내의 위치에 설치

정답 ③

09 다음 중 무창층의 요건이 아닌 것은?

유사문제 24년 문01 23년 문03 22년 문01
교재 P.34

① 크기는 지름 50cm 이하의 원이 통과할 수 있는 크기일 것
② 해당층의 바닥면으로부터 개구부 밑부분까지의 높이가 1.2m 이내일 것
③ 도로 또는 차량이 진입할 수 있는 빈터를 향할 것
④ 내부 또는 외부에서 쉽게 부수거나 열 수 있는 것

해설

① 50cm 이하 → 50cm 이상

무창층

지상층 중 다음에 해당하는 개구부면적의 합계가 그 층의 바닥면적의 $\frac{1}{30}$ 이하가 되는 층을 말한다.

(1) 크기는 지름 **50cm 이상**의 원이 통과할 수 있는 크기일 것 보기 ①
(2) 해당층의 바닥면으로부터 개구부 밑부분까지의 높이가 **1.2m** 이내일 것 보기 ②
(3) **도로** 또는 **차량**이 진입할 수 있는 **빈터**를 향할 것 보기 ③
(4) 화재시 건축물로부터 쉽게 **피난**할 수 있도록 개구부에 **창살**이나 그 밖의 장애물이 설치되지 않을 것
(5) 내부 또는 외부에서 **쉽게 부수거나 열** 수 있을 것 보기 ④

정답 ①

기출문제 2020

10 K급 화재의 적응물질로 맞는 것은?

유사문제 24년 문25 23년 문07 22년 문08 21년 문33

교재 PP.58-59

① 목재
② 유류
③ 금속류
④ 동·식물성 유지

해설

① A급 화재
② B급 화재
③ D급 화재
④ K급 화재

화재의 종류

종 류	적응물질	소화약제
일반화재(A급)	• 보통가연물(폴리에틸렌 등) • 종이 • 목재, 면화류, 석탄 • **재를 남김**	① 물 ② 수용액
유류화재(B급)	• 유류 • 알코올 • **재를 남기지 않음**	① 포(폼)
전기화재(C급)	• 변압기 • 배전반 • 전류가 흐르고 있는 전기기기	① 이산화탄소 ② 분말소화약제 ③ 주수소화 금지
금속화재(D급)	• 가연성 금속류(나트륨, 알루미늄 등)	① 금속화재용 분말소화약제 ② 건조사(마른 모래)
주방화재(K급)	• 식용유 • 동·식물성 유지 보기 ④	① 강화액

정답 ④

★★
11 한국소방안전원의 업무내용이 아닌 것은?

유사문제 24년 문18 23년 문02 21년 문13 20년 문19
교재 p.13

① 소방기술과 안전관리에 관한 교육 및 조사·연구
② 소방기술과 안전관리에 관한 각종 간행물 발간
③ 행정기관이 위탁하는 업무
④ 소방관계인의 기술향상

해설

④ 해당없음

한국소방안전원의 업무

(1) 소방기술과 안전관리에 관한 **교육** 및 **조사·연구** 보기 ①
(2) 소방기술과 안전관리에 관한 각종 **간행물 발간** 보기 ②
(3) 화재예방과 안전관리의식 고취를 위한 **대국민 홍보**
(4) 소방업무에 관하여 **행정기관**이 **위탁**하는 업무 보기 ③
(5) 소방안전에 관한 국제협력
(6) **회원**에 대한 **기술지원** 등 정관으로 정하는 사항

정답 ④

★★★
12 금속화재의 소화방법으로 옳은 것은?

유사문제 24년 문25 23년 문07 22년 문02 21년 문33
교재 p.59

① 물
② 마른모래
③ 포
④ 강화액

해설 **금속화재에 사용해서는 안 되는 소화약제**
수계소화약제(물, 포, 강화액 등)

정답 ②

13 지하층으로서 도매시장에 설치된 비상조명등의 유효 작동시간은?

교재 PP.155-156

① 10분 이상　② 20분 이상
③ 30분 이상　④ 60분 이상

해설 **비상조명등 유효 작동시간**
(1) **20분** 이상
(2) **60분** 이상(지하층을 제외한 층수가 **11층** 이상의 층이거나 지하층 또는 무창층으로서 용도가 **도매시장 · 소매시장 · 여객자동차터미널 · 지하역사** 또는 **지하상가**인 경우)

공하성 기억법 도소여지 역상

정답 ④

14 소방안전관리자를 선임하지 아니하는 특정소방대상물의 관계인의 업무에 해당하지 않는 것은?

교재 P.27

① 화기취급의 감독
② 소방시설 그 밖의 소방관련시설의 관리
③ 자위소방대 및 초기대응체계의 구성 · 운영 · 교육
④ 피난시설, 방화구획 및 방화시설의 유지 · 관리

해설 ③ 소방안전관리자의 업무

관계인 및 소방안전관리자의 업무

특정소방대상물(관계인)	소방안전관리대상물(소방안전관리자)
① **피난시설 · 방화구획** 및 방화시설의 관리 ② **소방시설**, 그 밖의 소방관련시설의 관리 ③ **화기취급**의 감독 ④ 소방안전관리에 필요한 업무 ⑤ 화재발생시 초기대응	① **피난시설 · 방화구획** 및 방화시설의 관리 ② 소방시설, 그 밖의 소방관련시설의 관리 ③ **화기취급**의 감독 ④ 소방안전관리에 필요한 업무 ⑤ **소방계획서**의 작성 및 시행(대통령령으로 정하는 사항 포함) ⑥ **자위소방대** 및 **초기대응체계**의 구성 · 운영 · 교육 ⑦ 소방훈련 및 교육 ⑧ 소방안전관리에 관한 업무수행에 관한 기록 · 유지 ⑨ 화재발생시 초기대응

정답 ③

기출문제 2020

★★★
15 화재안전조사 결과에 따른 조치명령으로 틀린 것은?

① 재건축
② 개수
③ 이전
④ 제거

① 해당없음

화재안전조사 결과에 따른 조치명령

(1) 명령권자 : **소방관서장**

(2) 명령사항

① **개수**명령 보기 ②
② **이전**명령 보기 ③
③ **제거**명령 보기 ④
④ **사용**의 **금지** 또는 제한명령, 사용폐쇄
⑤ **공사**의 **정지** 또는 중지명령

정답 ①

[16-18] 다음 소방안전관리대상물의 조건을 보고 다음 각 물음에 답하시오.

구 분	업무시설
용도	근린생활시설
규모	지상 5층, 지하 2층, 연면적 $6000m^2$
설치된 소방시설	소화기, 옥내소화전설비, 자동화재탐지설비
소방안전관리자 현황	자격 : 2급 소방안전관리자 자격취득자
	강습수료일 : 2023년 3월 5일
건축물 사용승인일	2023년 3월 15일

★★★
16 소방안전관리자의 선임기간으로 옳은 것은?

① 2023년 4월 13일
② 2023년 4월 28일
③ 2023년 4월 29일
④ 2023년 4월 30일

해설 건축승인을 받은 후(다음 날) 30일 이내에 소방안전관리자를 선임하여야 한다. 3월 15일 건축승인을 받았으므로 30일 이내는 **4월 14일 이내**가 답이 된다. 그러므로 ① 정답

정답 ①

★★★
17 소방안전관리대상물의 등급 및 소방안전관리보조자 선임인원으로 옳은 것은?

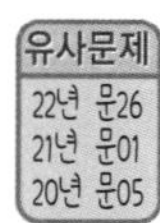
유사문제 22년 문26 21년 문01 20년 문05

교재 PP.19-22

① 1급 소방안전관리대상물, 소방안전관리보조자 선임대상 아님
② 1급 소방안전관리대상물, 소방안전관리보조자 1명
③ 2급 소방안전관리대상물, 소방안전관리보조자 선임대상 아님
④ 2급 소방안전관리대상물, 소방안전관리보조자 1명

해설

- 옥내소화전설비가 설치되어 있으므로 2급 소방안전관리대상물
- 연면적 6000m^2로서 15000m^2 이상이 안되므로 소방안전관리보조자 선임대상 아님

(1) **2급 소방안전관리대상물**
① 지하구
② 가스제조설비를 갖추고 도시가스사업 허가를 받아야 하는 시설 또는 가연성 가스를 **100톤 이상 1000톤** 미만 저장・취급하는 시설
③ **스프링클러설비** 또는 **물분무등소화설비**(호스릴방식 제외) 설치대상물
④ **옥내소화전설비** 설치대상물 보기 ③
⑤ 공동주택(옥내소화전설비 또는 스프링클러설비가 설치된 공동주택에 한함)
⑥ 목조건축물(국보・보물)

(2) **최소 선임기준**

소방안전관리자	소방안전관리보조자
• 특정소방대상물마다 1명	• **300세대** 이상 아파트 : **1명**(단, **300세대 초과**마다 **1명** 이상 **추가**) • 연면적 **15000m^2** 이상 : **1명**(단, **15000m^2 초과**마다 **1명** 이상 **추가**) 보기 ③ • **공동주택**(기숙사), **의료시설**, **노유자시설**, **수련시설** 및 **숙박시설**(바닥면적 합계 **1500m^2** 미만이고, 관계인이 24시간 상시 근무하고 있는 숙박시설 제외) : **1명**

정답 ③

★★★
18 소방안전관리자가 건축물 사용승인일에 선임되었다면 실무교육 최대 이수기한은?

유사문제 24년 문11

교재 PP.30-31

① 2023년 9월 4일
② 2023년 10월 4일
③ 2025년 3월 4일
④ 2025년 11월 4일

해설

- 사용승인일이 2023년 3월 15일이고, 사용승인일에 선임되었으므로 강습수료일로부터 1년 이내에 취업한 경우에 해당되어 강습수료일로부터 2년마다 실무교육을 받아야 한다. 그러므로 2025년 3월 4일 이내가 답이 되므로 ③ 정답

기출문제 2020

소방안전관리자의 실무교육

실시기관	실무교육주기
한국소방안전원	선임된 날부터 6개월 이내, 그 이후 **2년**마다 **1회**

선임된 날부터 6개월 이내, 그 이후 2년마다(최초 실무교육을 받은 날을 기준일로 하여 매 2년이 되는 해의 기준일과 같은 날 전까지) 1회 실무교육을 받아야 한다.

(1) 소방안전관리 강습 또는 실무교육을 받은 후 1년 이내에 소방안전관리자로 선임된 경우 해당 강습교육을 수료하거나 실무교육을 이수한 날에 당해 실무교육을 이수한 것으로 본다.

- **실무교육 주기**

강습수료일로부터 1년 이내 취업한 경우	강습수료일로부터 1년 넘어서 취업한 경우
강습수료일로부터 2년마다 1회	선임된 날부터 6개월 이내, 그 이후 2년마다 1회

(2) 소방안전관리보조자의 경우, 소방안전관리자 강습교육 또는 실무교육이나 소방안전관리보조자 실무교육을 받은 후 1년 이내에 선임된 경우 해당 강습교육을 수료하거나 실무교육을 이수한 날에 실무교육을 이수한 것으로 본다.

비교

실무교육

소방안전 관련업무 경력보조자	소방안전관리자 및 소방안전관리보조자
선임된 날로부터 **3개월** 이내, 그 이후 **2년**마다 **1회** 실무교육을 받아야 한다.	선임된 날로부터 **6개월** 이내, 그 이후 **2년**마다 **1회** 실무교육을 받아야 한다.

정답 ③

★★★
19 한국소방안전원의 설립목적이 아닌 것은?

유사문제 24년 문18 23년 문02 21년 문03 20년 문11
교재 P.13

① 소방기술과 안전관리기술의 향상 및 홍보
② 교육·훈련 등 행정기관이 위탁하는 업무의 수행
③ 소방관계종사자의 기술 향상
④ 소방안전에 관한 국제협력

해설

④ 한국소방안전원의 업무

한국소방안전원의 설립목적

(1) 소방기술과 안전관리기술의 향상 및 홍보 보기 ①
(2) 교육·훈련 등 행정기관이 위탁하는 업무의 수행 보기 ②
(3) 소방관계종사자의 기술 향상 보기 ③

정답 ④

20 다음은 자동화재탐지설비의 구성도이다. 종단저항을 발신기세트에 설치하였을 때 ㉠의 가닥수는?

교재 P.126

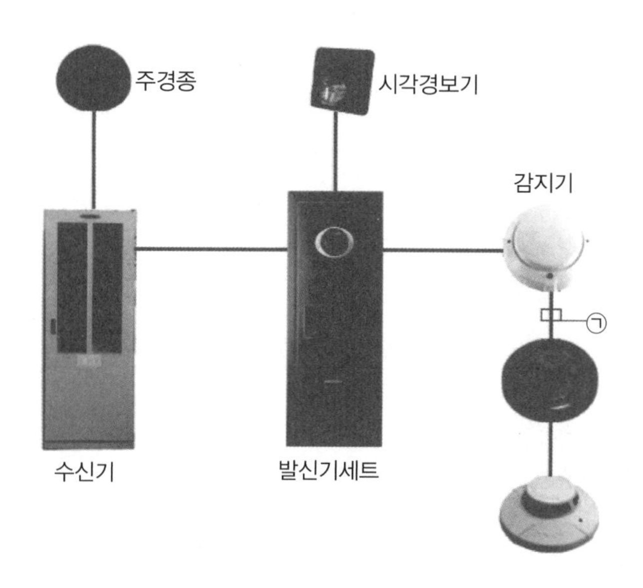

① 1가닥
② 2가닥
③ 3가닥
④ 4가닥

해설 자동화재탐지설비의 구성도

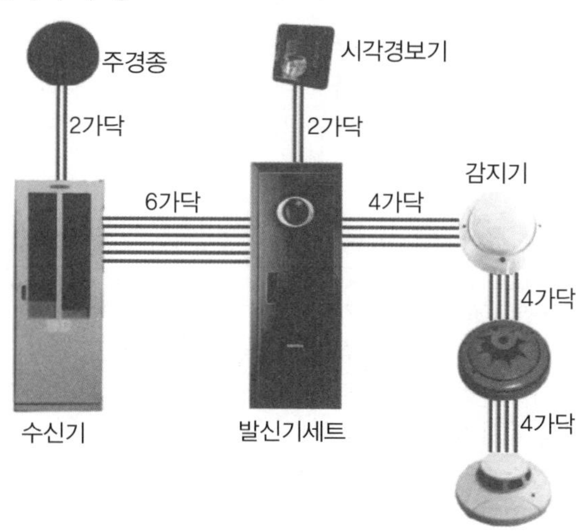

정답 ④

★★★
21 다음 중 3급 소방안전관리자로 선임될 수 없는 사람은? (단, 3급 소방안전관리자 자격증을 받은 경우이다.)

유사문제 24년 문13 23년 문19
교재 P.21

① 소방설비산업기사의 자격이 있는 사람
② 소방설비기사의 자격이 있는 사람
③ 신규임용된 사람
④ 위험물기능사의 자격이 있는 사람

① 1급 소방안전관리자
② 1급 소방안전관리자
④ 2급 소방안전관리자

3급 소방안전관리대상물의 소방안전관리자 선임조건

자 격	경 력	비 고
• 소방공무원	1년	3급 소방안전관리자 자격증을 받은 사람
• 소방청장이 실시하는 3급 소방안전관리대상물의 소방안전관리에 관한 시험에 합격한 사람	경력 필요 없음	
• 「기업활동 규제완화에 관한 특별조치법」에 따라 소방안전관리자로 선임된 사람(소방안전관리자로 선임된 기간으로 한정)		
• 특급 소방안전관리대상물, 1급 소방안전관리대상물 또는 2급 소방안전관리대상물의 소방안전관리자 자격이 인정되는 사람		

정답 ③

★★
22 다음 중 소방안전관리자 현황표에 기입하지 않아도 되는 사항은?

유사문제 21년 문36
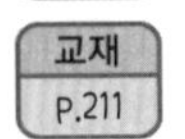
교재 P.211

① 소방안전관리자 현황표의 대상명
② 소방안전관리자의 선임일자
③ 소방안전관리대상물의 등급
④ 관계인의 인적사항

④ 해당없음

소방안전관리자 현황표 기입사항

(1) 소방안전관리자 현황표의 **대상명** 보기 ①
(2) 소방안전관리자의 **이름**
(3) 소방안전관리자의 **연락처**
(4) 소방안전관리자의 **선임일자** 보기 ②
(5) 소방안전관리대상물의 **등급** 보기 ③
(6) 화재수신반(종합방재실) 위치

정답 ④

23 다음 중 점화원에 관한 설명으로 옳지 않은 것은?

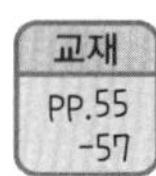
교재 PP.55-57

① 단열압축 : 기체를 높은 압력으로 압축하면 온도가 상승하는데, 이때 상승한 열에 의한 가연물을 착화시킨다.
② 정전기불꽃 : 물체가 접촉하거나 결합한 후 떨어질 때 양(+)전하와 음(−)전하로 전하의 분리가 일어나 발생한 과잉전하가 물체(물질)에 축적되는 현상이다.
③ 전기불꽃 : 장시간에 집중적으로 에너지가 방사되므로 에너지밀도가 높은 점화원이다.
④ 자연발화 : 물질이 외부로부터 에너지를 공급받지 않아도 자체적으로 온도가 상승하여 발화하는 현상이다.

해설

③ 장시간 → 단시간

점화원

종 류	설 명
전기불꽃 보기 ③	**단시간**에 집중적으로 에너지가 방사되므로 에너지밀도가 높은 점화원이다.
충격 및 마찰	두 개 이상의 물체가 서로 충격·마찰을 일으키면서 작은 불꽃을 일으키는데, 이러한 마찰불꽃에 의하여 가연성 가스에 착화가 일어날 수 있다.
단열압축 보기 ①	**기체**를 높은 압력으로 압축하면 온도가 상승하는데, 이때 상승한 열에 의한 가연물을 착화시킨다.
불 꽃	항상 화염을 가지고 있는 열 또는 화기로서 위험한 화학물질 및 가연물이 존재하고 있는 장소에서 불꽃의 사용은 대단히 위험하다.
고온표면	작업장의 화기, 가열로, 건조장치, 굴뚝, 전기·기계설비 등으로서 항상 화재의 위험성이 내재되어 있다.
정전기불꽃 보기 ②	물체가 접촉하거나 결합한 후 떨어질 때 양(+)전하와 음(−)전하로 전하의 분리가 일어나 발생한 **과잉전하**가 물체(물질)에 **축적**되는 현상이다.
자연발화 보기 ④	물질이 **외부**로부터 에너지를 **공급받지 않아도** 자체적으로 온도가 상승하여 발화하는 현상이다.
복사열	물질에 따라서 비교적 약한 복사열도 장시간 방사로 발화될 수 있다.

정답 ③

24 전기안전관리상 주요 화재원인이 아닌 것은?

유사문제 24년 문04

교재 P.88

① 합선　　② 누전
③ 과전류　　④ 절연저항

해설

④ 해당없음

기출문제 2020

전기화재의 주요 화재원인

(1) 전선의 **합선(단락)**에 의한 발화 보기 ①
단선 ×
(2) **누전**에 의한 발화 보기 ②
(3) **과전류(과부하)**에 의한 발화 보기 ③
(4) **정전기불꽃**

정답 ④

★★★
25 위험물안전관리법상 제4류 위험물의 일반적인 특성이 아닌 것은?

유사문제 24년 문21
교재 PP.86-87

① 인화가 용이하다.
② 대부분의 증기는 공기보다 가볍다.
③ 대부분 물보다 가볍다.
④ 주수소화가 불가능한 것이 대부분이다.

해설 **제4류 위험물의 일반적인 특성**

(1) 인화가 용이하다. 보기 ①
(2) 대부분 물보다 가볍다. 보기 ③
(3) 대부분의 증기는 **공기보다 무겁다.** 보기 ②
(4) 주수소화가 불가능한 것이 대부분이다. 보기 ④

정답 ②

제 2 과목

★★
26 피부는 가죽처럼 매끈하고 화상부위는 건조하고 통증이 없는 화상의 분류는?

교재 P.282

① 표피화상 ② 부분층화상
③ 전층화상 ④ 진피화상

해설 **화상의 분류**

종 별	설 명
표피화상(**1**도 화상)	• 표피 바깥층의 화상 • 약간의 부종과 **홍반**이 나타남 공하성 기억법 표1홍
부분층화상(**2**도 화상)	• 피부의 두 번째 층까지 화상으로 손상 • 심한 통증과 발적, 수포 발생 • **물집**이 터져 **진물**이 나고 감염위험 • 표피가 얼룩얼룩하게 되고 진피의 모세혈관이 손상 공하성 기억법 부2진물

종 별	설 명
전층화상(3도 화상)	• 피부 **전층** 손상 • 피하지방과 근육층까지 손상 • 화상부위가 **건조**하며 통증이 없음 [보기 ③] 공하성 기억법 전3건

정답 ③

★

27 성인 심폐소생술을 실시할 경우 옳지 않은 것은?

유사문제 23년 문35 23년 문40 23년 문50

교재 PP.285-286

① 30회의 가슴압박과 2회의 인공호흡을 5주기로 한다.
② 호흡확인은 10초 이내로 확인한다.
③ 압박깊이는 약 5cm, 100~120회/분의 속도로 한다.
④ 의식이 돌아와도 5회 정도 더 실시하는 것이 좋다.

해설 (1) **성인의 가슴압박** [보기 ③]

구 분	설 명
속 도	분당 **100~120회**
깊 이	**5cm**

(2) **심폐소생술의 진행** [보기 ①]

가슴압박	인공호흡	주 기
30회	2회	5주기

공하성 기억법 인2(인위적)

(3) **호흡확인**
얼굴과 가슴을 **10초** 이내로 확인 [보기 ②]

(4) 의식이 돌아오면 **심폐소생술**을 **중단**하고 환자의 움직임과 호흡상태 관찰

정답 ④

★★

28 다음 조건을 참고하여 2단위 분말소화기의 설치개수를 구하면 몇 개인가?

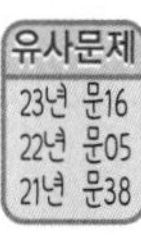
유사문제 23년 문16 22년 문05 21년 문38

교재 P.106

• 용도 : 근린생활시설
• 바닥면적 : 3000m^2
• 구조 : 건축물의 주요구조부가 내화구조이고, 내장마감재는 불연재료로 시공되었다.

① 8개
② 15개
③ 20개
④ 30개

기출문제 2020

해설 **특정소방대상물별 소화기구의 능력단위기준**

특정소방대상물	소화기구의 능력단위	건축물의 주요구조부가 **내화구조**이고, 벽 및 반자의 실내에 면하는 부분이 **불연재료 · 준불연재료** 또는 **난연재료**로 된 특정소방대상물의 능력단위
• 위락시설 공하성 기억법 위3(위상)	바닥면적 **30**m^2마다 1단위 이상	바닥면적 **60**m^2마다 1단위 이상
• 공연장 • 집회장 • 관람장 및 문화재 • 의료시설 및 장례식장 공하성 기억법 **5공연장 문의 집관람 (손오공 연장 문의 집관람)**	바닥면적 **50**m^2마다 1단위 이상	바닥면적 **100**m^2마다 1단위 이상
• 근린생활시설 → • 판매시설 • 운수시설 • 숙박시설 • 노유자시설 • 전시장 • 공동주택(아파트 등) • 업무시설(사무실 등) • 방송통신시설 • 공장 · 창고시설 • 항공기 및 자동차관련시설 및 관광휴게시설 공하성 기억법 **근판숙노전 주업방차창 1항 관광(근판숙노전 주업방차창 일본항 관광)**	바닥면적 **100**m^2마다 1단위 이상	바닥면적 **200**m^2마다 1단위 이상
• 그 밖의 것	바닥면적 **200**m^2마다 1단위 이상	바닥면적 **400**m^2마다 1단위 이상

근린생활시설로서 내화구조이고 불연재료인 경우이므로 바닥면적 200m^2마다 1단위 이상

$$\frac{3000\text{m}^2}{200\text{m}^2} = 15\text{단위}$$

• 15단위를 15개라고 쓰면 틀린다. 특히 주의!

2단위 분말소화기를 설치하므로

$$\text{소화기개수} = \frac{15\text{단위}}{2\text{단위}} = 7.5 ≒ 8\text{개 (소수점 올림)}$$

정답 ①

★★

29 다음 중 4층 이상의 노유자시설에 설치할 수 있는 피난기구는?

유사문제 23년 문30 22년 문27 21년 문11

교재 P.152

① 피난교　　② 미끄럼대
③ 완강기　　④ 공기안전매트

해설 **피난기구의 적응성**

설치장소별 구분 \ 층별	1층	2층	3층	4층 이상 10층 이하
노유자시설	• 미끄럼대 • 구조대 • 피난교 • 다수인 피난장비 • 승강식 피난기	• 미끄럼대 • 구조대 • 피난교 • 다수인 피난장비 • 승강식 피난기	• 미끄럼대 • 구조대 • 피난교 • 다수인 피난장비 • 승강식 피난기	• 구조대[1] • 피난교 • 다수인 피난장비 • 승강식 피난기
의료시설 · 입원실이 있는 의원 · 접골원 · 조산원	–	–	• 미끄럼대 • 구조대 • 피난교 • 피난용 트랩 • 다수인 피난장비 • 승강식 피난기	• 구조대 • 피난교 • 피난용 트랩 • 다수인 피난장비 • 승강식 피난기
영업장의 위치가 4층 이하인 다중이용업소	–	• 미끄럼대 • 피난사다리 • 구조대 • 완강기 • 다수인 피난장비 • 승강식 피난기	• 미끄럼대 • 피난사다리 • 구조대 • 완강기 • 다수인 피난장비 • 승강식 피난기	• 미끄럼대 • 피난사다리 • 구조대 • 완강기 • 다수인 피난장비 • 승강식 피난기
그 밖의 것	–	–	• 미끄럼대 • 피난사다리 • 구조대 • 완강기 • 피난교 • 피난용 트랩 • 간이완강기[2] • 공기안전매트[2] • 다수인 피난장비 • 승강식 피난기	• 피난사다리 • 구조대 • 완강기 • 피난교 • 간이완강기[2] • 공기안전매트[2] • 다수인 피난장비 • 승강식 피난기

[주] 1) **구조대**의 적응성은 장애인관련시설로서 주된 사용자 중 스스로 피난이 불가한 자가 있는 경우 추가로 설치하는 경우에 한한다.
2) 간이완강기의 적응성은 **숙박시설**의 **3층 이상**에 있는 객실에, **공기안전매트**의 적응성은 **공동주택**에 추가로 설치하는 경우에 한한다.

정답 ①

기출문제 2020

30 화상의 응급처치방법 중 화상환자 이동 전 조치사항으로 옳지 않은 것은?

교재 PP.282-283

① 화상환자가 착용한 옷가지가 피부조직에 붙어 있을 때에는 옷가지를 잘라내야 한다.

② 통증 호소 또는 피부의 변화에 동요되어 간장, 된장, 식용기름을 바르는 일이 없도록 하여야 한다.

③ 3도 화상은 물에 적신 천을 대어 열기가 심부로 전달되는 것을 막아주고 통증을 줄여준다.

④ 화상부분의 오염 우려시는 소독거즈가 있을 경우 화상부위를 덮어주면 좋다.

① 옷가지를 잘라내야 한다. → 옷을 잘라내지 말고 수건 등으로 닦기니 접촉되는 일이 없도록 한다.

화상환자 이동 전 조치

(1) 화상환자가 착용한 옷가지가 피부조직에 붙어 있을 때에는 옷을 잘라내지 말고 수건 등으로 닦거나 접촉되는 일이 없도록 한다. 보기 ①

(2) 통증 호소 또는 피부의 변화에 동요되어 **간장**, **된장**, **식용기름**을 바르는 일이 없도록 하여야 하고, **1·2도 화상**은 화상부위를 흐르는 물에 식혀준다. 이때 물의 온도는 실온, 수압은 약하게 하여 화상부위보다 위에서 아래로 흘러내리도록 한다. **3도 화상**은 물에 적신 천을 대어 열기가 심부로 전달되는 것을 막아주고 통증을 줄여준다. 보기 ②③

(3) 화상부분의 오염 우려시는 소독거즈가 있을 경우 화상부위를 덮어주면 좋다. 그러나 골절환자일 경우 무리하게 압박하여 드레싱하는 것은 금한다. 보기 ④

(4) 화상환자가 부분층화상일 경우 **수포(물집)**상태의 감염 우려가 있으니 터트리지 말아야 한다.

정답 ①

기출문제 2020

31 다음 중 응급처치요령으로 옳지 않은 것은?

유사문제 21년 문26

교재 P.277

① 환자의 입 내에 이물질이 있을 경우 기침을 유도한다.

② 환자의 입 내에 이물질이 눈으로 보일 경우 손을 넣어 제거한다.

③ 이물질이 제거된 후 머리를 뒤로 젖히고, 턱을 위로 들어 올려 기도가 개방되도록 한다.

④ 환자가 기침을 할 수 없는 경우 하임리히법을 실시한다.

② 손을 넣어 제거한다. → 함부로 제거하려 해서는 안 된다.

응급처치요령(기도확보)

(1) 환자의 입 내에 이물질이 있을 경우 기침을 유도한다. 보기 ①

(2) 환자의 입 내에 눈에 보이는 이물질이라 하여 함부로 제거하려 해서는 안 된다. 보기 ②
(3) 이물질이 제거된 후 머리를 뒤로 젖히고, 턱을 위로 들어 올려 기도가 개방되도록 한다. 보기 ③
(4) 환자가 기침을 할 수 없는 경우 하임리히법을 실시한다. 보기 ④

정답 ②

★★★
32 다음 중 수신기 그림의 화재복구방법으로 옳은 것은?

유사문제
22년 문47
20년 문46
20년 문50

교재
P.140

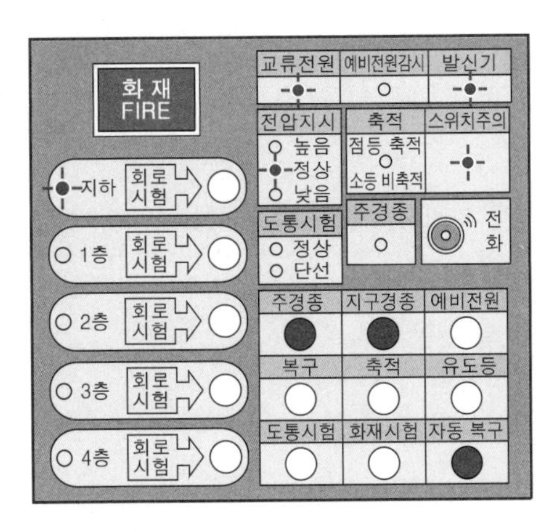

① 수신기 복구버튼을 누르기 전 발신기 누름스위치를 누르면 수신기가 정상상태로 된다.
② 수신기 내 발신기 응답표시등 소등을 위하여 발신기 누름스위치를 반드시 복구시켜야 한다.
③ 수신기 복구버튼을 누르면 주경종, 지구경종 음향이 멈춘다.
④ 스위치주의등은 발신기 응답표시등 소등시 동시에 소등된다.

해설

① 발신기스위치를 눌러서 화재신호가 들어온 경우 발신기스위치를 복구시킨 후 수신기 복구버튼을 눌러야 수신기가 정상상태로 되므로 틀린 답임 (×)
② 발신기응답표시등은 발신기를 눌렀을 때 점등되고, 발신기 누름스위치를 복구 시켰을 때 소등되므로 옳은 답임 (○)
③ 발신기스위치를 복구시킨 후 수신기 복구버튼을 눌러야 주경종, 지구경종음향이 멈추므로 틀린 답임 (×)
④ 스위치주의등은 주경종, 지구경종, 자동복구스위치등이 복구되어야 소등되므로 틀린 답임 (×)

정답 ②

기출문제 2020

★★★

33 다음 중 축압식 분말소화기 지시압력계의 정상상태로 옳은 것은?

유사문제
23년 문33
23년 문38
23년 문42

교재
P.110

① 

② 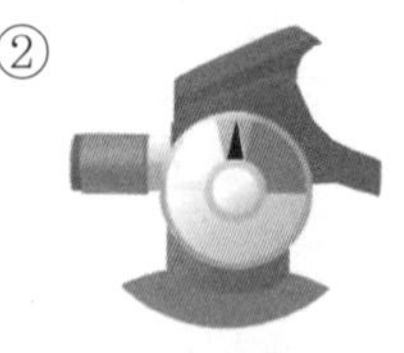

③ 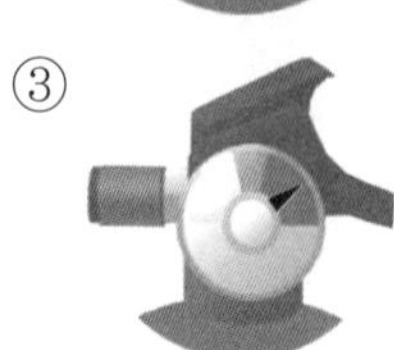

④ 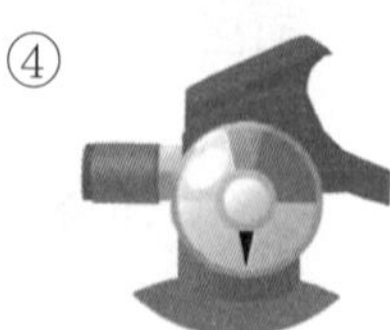

해설

② 위쪽 가운데 위치해 있으므로 정상

지시압력계

(1) 노란색(황색) : 압력부족
(2) 녹색 : 정상압력
(3) 적색 : 정상압력 초과

▮소화기 지시압력계▮

▮지시압력계의 색표시에 따른 상태▮

노란색(황색)	녹 색	적 색
▮압력이 부족한 상태▮	▮정상압력 상태▮	▮정상압력보다 높은 상태▮

- 용기 내 압력을 확인할 수 있도록 지시압력계가 부착되어 사용 가능한 범위가 0.7~0.98MPa로 녹색으로 되어 있음

정답 ②

★★★
34 아래의 그림을 보고 각 내용에 맞게 ○ 또는 ×가 올바르지 않은 것은?

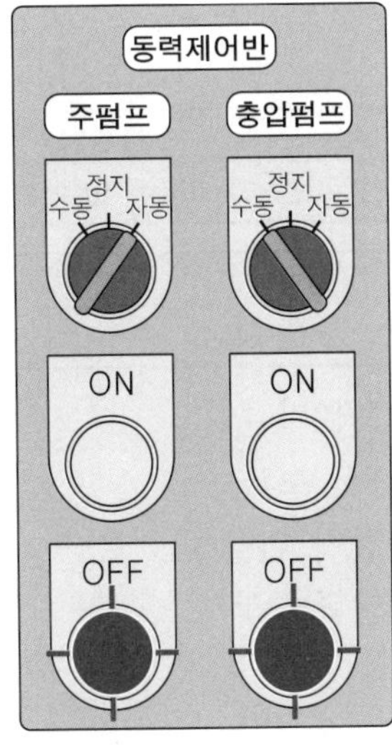

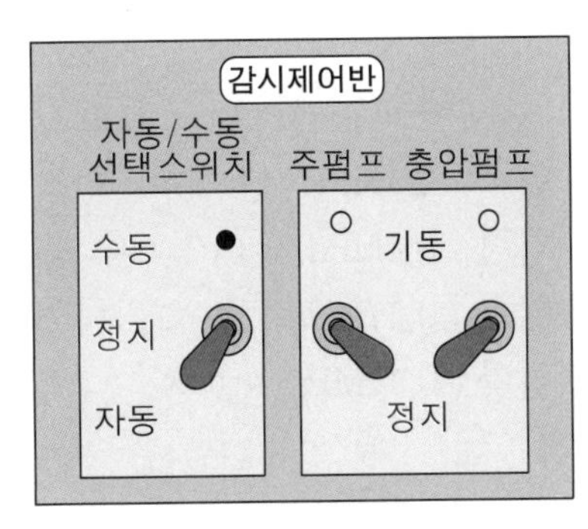

① 감시제어반은 정상상태로 유지관리 되고 있다. (○)
② 동력제어반에서 주펌프 ON버튼을 누르면 주펌프는 기동하지 않는다. (○)
③ 감시제어반에서 주펌프 스위치를 기동위치로 올리면 주펌프는 기동한다. (○)
④ 동력제어반에서 충압펌프를 자동위치로 돌리면 모든 제어반은 정상상태가 된다. (○)

해설
③ 기동한다. → 기동하지 않는다.
감시제어반 선택스위치는 **수동**으로 올린 후, 주펌프 스위치를 **기동**으로 올려야 주펌프가 기동한다.

선택스위치 : **수동**, 주펌프 : **기동**으로 해야 주펌프는 기동한다. 선택스위치가 **자동**으로 되어 있으므로 주펌프 : **기동**으로 해도 주펌프는 기동하지 않는다. 보기 ③

‖ 감시제어반 ‖

평상시 상태	수동기동 상태	점검시 상태
① 선택스위치 : **자동** ② 주펌프 : **정지** ③ 충압펌프 : **정지**	① 선택스위치 : **수동** ② 주펌프 : **기동** ③ 충압펌프 : **기동**	① 선택스위치 : **정지** ② 주펌프 : **정지** ③ 충압펌프 : **정지**

‖ 동력제어반 ‖

평상시 상태	수동기동시 상태
① POWER : **점등** ② 선택스위치 : **자동** ③ ON 램프 : **소등** ④ OFF 램프 : **점등**	① POWER : **점등** ② 선택스위치 : **수동** ③ ON 램프 : **점등** ④ OFF 램프 : **소등** ⑤ 펌프기동램프 : **점등**

정답 ③

★★★
35 방수압력측정계의 측정된 방수압력과 점검표 작성(㉠~㉡)한 것으로 옳은 것은?

유사문제
23년 문39
22년 문48
22년 문50
20년 문47

실무교재
P.82

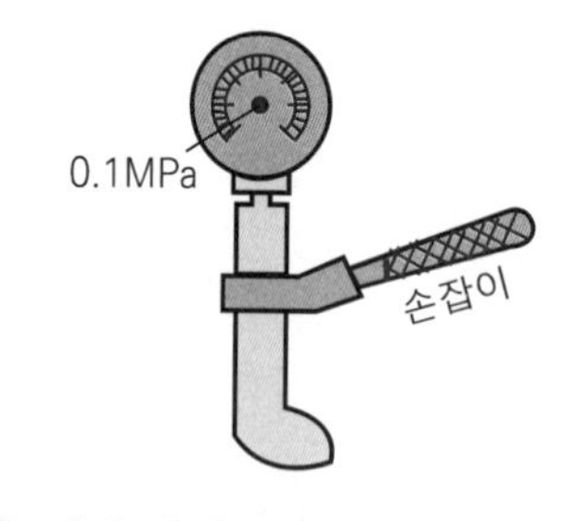

점검번호	점검항목	점검결과
2-C-002	옥내소화전 방수량 및 방수압력 적정 여부	㉠

설비명	점검번호	불량내용
소화설비	2-C-002	㉡

① 방수압력 : 0.1MPa, ㉠ ×, ㉡ 방수압력 미달
② 방수압력 : 0.1MPa, ㉠ ○, ㉡ 방수압력 초과
③ 방수압력 : 0.17MPa, ㉠ ○, ㉡ 방수압력 미달
④ 방수압력 : 0.17MPa, ㉠ ×, ㉡ 방수압력 초과

①

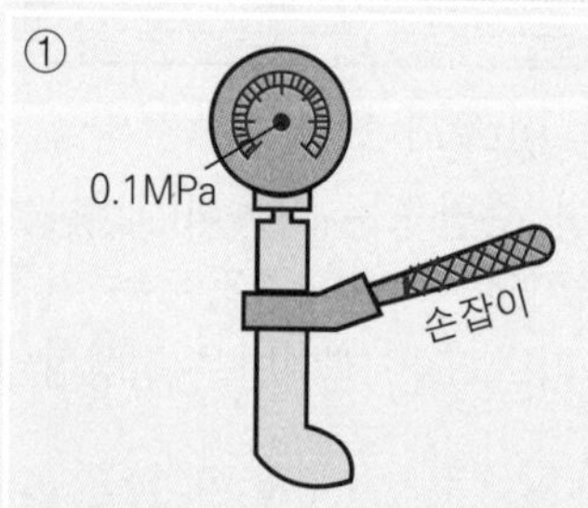

㉠ 0.17~0.7MPa이므로 0.1MPa은 ×
㉡ 0.1MPa은 0.17MPa 이상이 되지 않으므로 방수압력 미달

옥내소화전 방수압력측정

(1) 측정장치 : 방수압력측정계(피토게이지)

(2)

방수량	방수압력
130L/min	0.17~0.7MPa 이하

(3) 방수압력 측정방법 : 방수구에 호스를 결속한 상태로 노즐의 선단에 방수압력측정계(피토게이지)를 근접$\left(\frac{D}{2}\right)$시켜서 측정하고 방수압력측정계의 압력계상의 눈금을 확인한다.

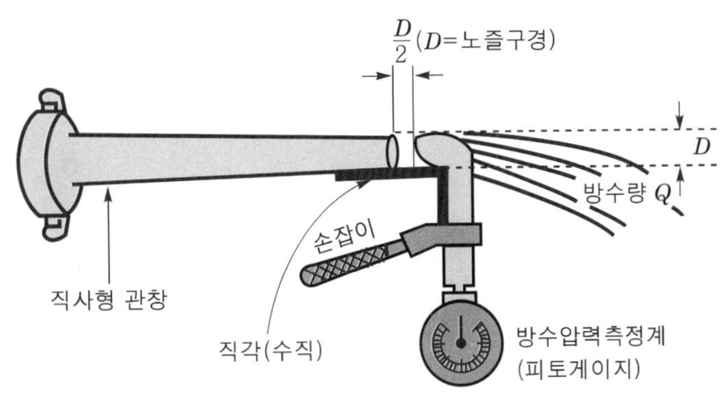

▌방수압력 측정▌

정답 ①

★★★
36 R형 수신기의 운영기록 중 스프링클러설비 밸브의 동작시간으로 옳은 것은?

유사문제
22년 문42
20년 문42

실무교재
P.79

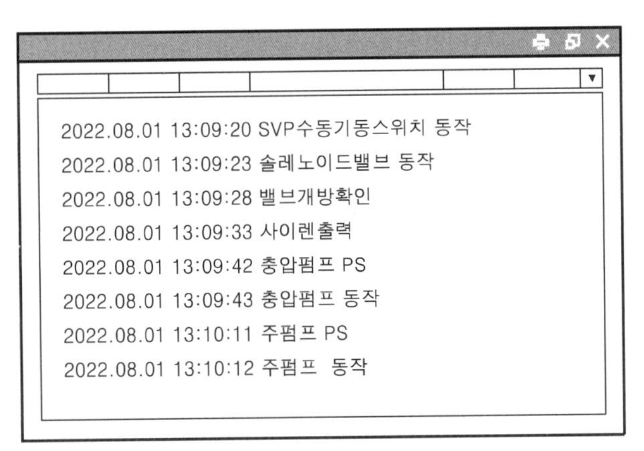
2022.08.01 13:09:20 SVP수동기동스위치 동작
2022.08.01 13:09:23 솔레노이드밸브 동작
2022.08.01 13:09:28 밸브개방확인
2022.08.01 13:09:33 사이렌출력
2022.08.01 13:09:42 충압펌프 PS
2022.08.01 13:09:43 충압펌프 동작
2022.08.01 13:10:11 주펌프 PS
2022.08.01 13:10:12 주펌프 동작

① 13：09：23
② 13：09：33
③ 13：09：28
④ 13：09：42

해설

밸브개방확인=스프링클러설비 밸브의 동작시간이므로 ③ 정답, 스프링클러설비 **개방**과 동시에 **밸브개방확인표시등**이 **점등**된다.

정답 ③

37 그림에 대한 설명으로 옳지 않은 것은?

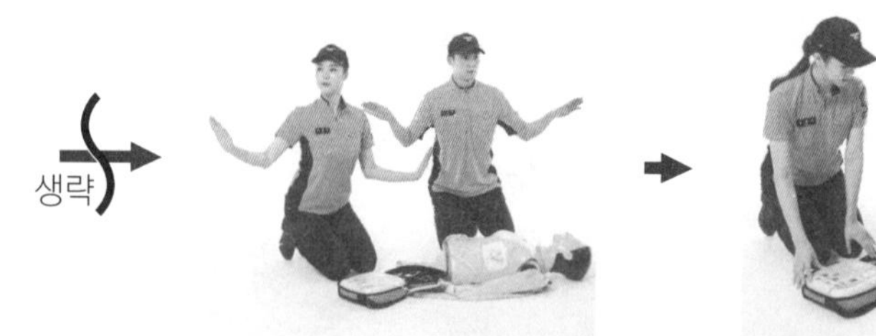

심장리듬 분석 및 심장충격 실시

즉시 심폐소생술 다시 시행

① 심장리듬 분석 중 심장충격이 필요한 경우 심장충격이 필요하다는 음성지시 후 스스로 설정된 에너지로 충전을 시작한다.

② 심장충격시 주변사람에게 심장충격 버튼을 누르고 있도록 도움을 요청한다.

③ 심장충격시 심장충격 버튼을 누르기 전에 반드시 다른 사람이 환자에게서 떨어져 있는지 확인한다.

④ 심장충격을 실시한 뒤에는 즉시 가슴압박과 인공호흡을 30 : 2로 다시 시작한다.

② 주변사람에게 심장충격 버튼을 누르고 있도록 도움을 요청한다. → 다른 사람이 환자에게서 떨어져 있는지 확인한다.

자동심장충격기(AED) 사용방법

(1) 자동심장충격기를 심폐소생술에 방해가 되지 않는 위치에 놓은 뒤 전원버튼을 누른다.

(2) 환자의 상체를 노출시킨 다음 패드 포장을 열고 2개의 패드를 환자의 가슴에 붙인다.

(3) 패드는 **왼쪽 젖꼭지 아래의 중간겨드랑선**에 설치하고 **오른쪽 빗장뼈**(쇄골) 바로 **아래**에 붙인다.

‖ 패드의 부착위치 ‖

패드 1	패드 2
오른쪽 빗장뼈(쇄골) 바로 아래	왼쪽 젖꼭지 아래의 중간겨드랑선

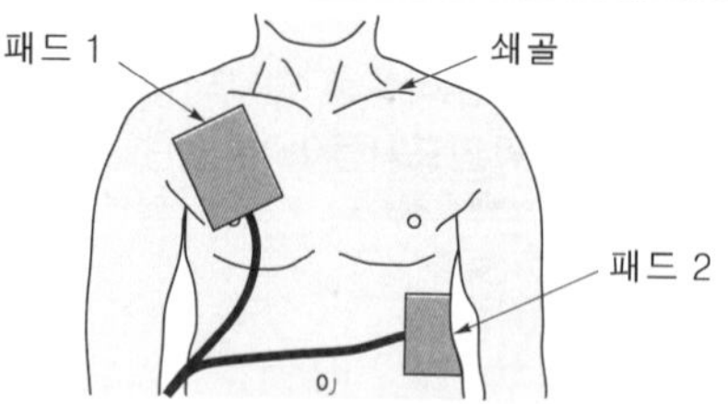

‖ 패드 위치 ‖

(4) 심장충격이 필요한 환자인 경우에만 제세동버튼이 깜박이기 시작하며, 깜박일 때 심장충격버튼을 눌러 심장충격을 시행한다.

(5) 심장충격버튼을 누르기 전에는 반드시 주변사람 및 구조자가 환자에게서 떨어져
누른 후에는 ×
있는지 다시 한 번 확인한 후에 실시하도록 한다. 보기 ③

(6) 심장충격이 필요 없거나 심장충격을 실시한 이후에는 즉시 **심폐소생술**을 다시 시작한다.

(7) **2분**마다 심장리듬을 분석한 후 반복 시행한다.

(8) 심장리듬 분석 중 심장충격이 필요한 경우 심장충격이 필요하다는 음성지시 후 스스로 설정된 에너지로 충전을 시작한다. 보기 ①

(9) 심장충격을 실시한 뒤에는 즉시 가슴압박과 인공호흡을 30 : 2로 다시 시작한다. 보기 ④

정답 ②

★★★

38 예비전원시험에 대한 정상적인 결과로 옳은 것은? (단, 수신기는 정상운영 상태이다.)

유사문제
24년 문31
23년 문34
21년 문37

교재
P.144

①
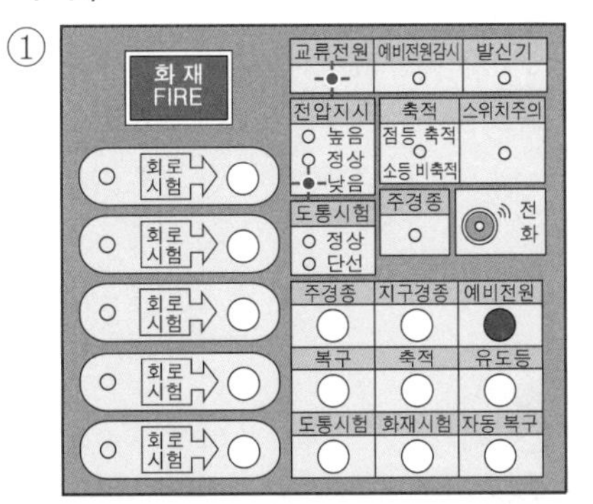

②
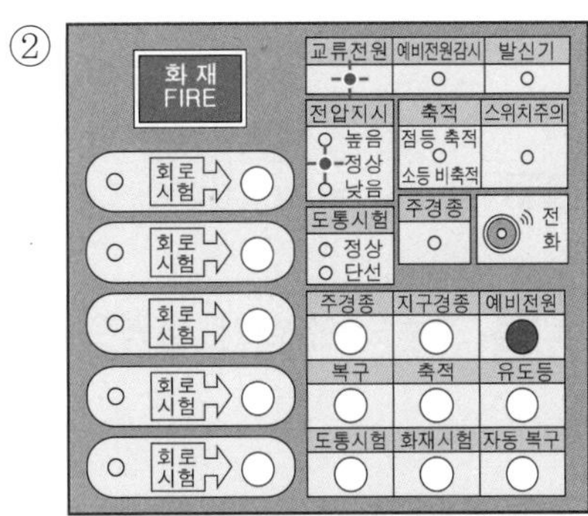

③
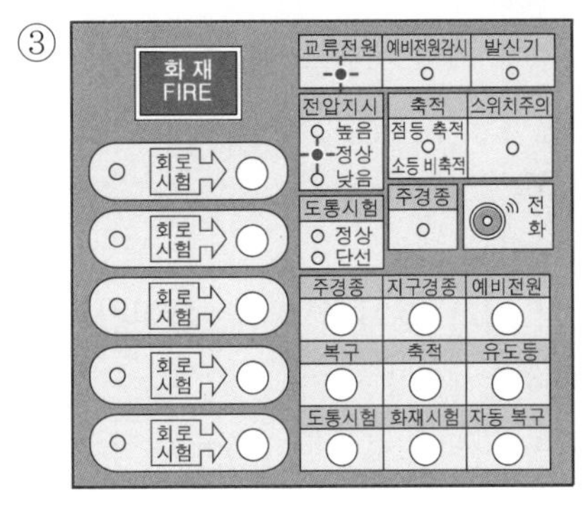

④
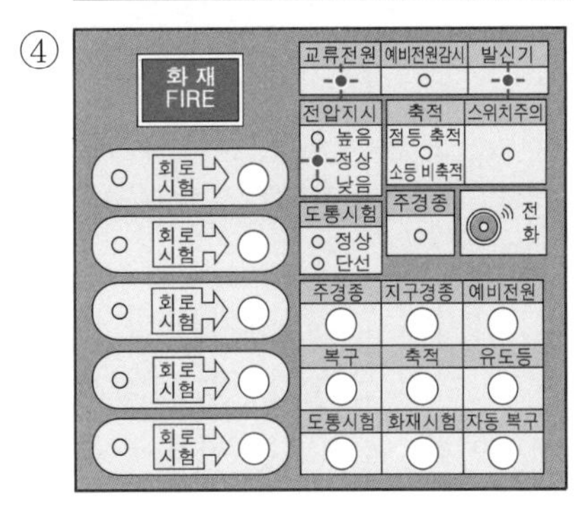

해설

① **예비전원**시험스위치가 눌러져 있지만 전압지시 **낮음**램프가 점등되어 있으므로 예비전원은 비정상이다.

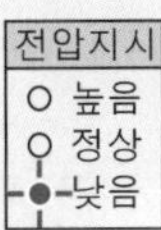

② **예비전원**시험스위치가 **눌러져 있고** 전압지시 **정상**램프가 점등되어 있으므로 예비전원은 정상이다.

③ **교류전원** 램프가 **점등**되어 있고 전압지시 **정상**램프가 점등되어 있으므로 **교류전원**이 **정상**이다. 예비전원이 눌러져 있지 않으므로 예비전원 정상유무는 알 수 없다.

전압지시
높음
정상
낮음

④ **교류전원** 램프가 점등되어 있고 전압지시 **정상**램프가 점등되어 있으므로 교류전원이 **정상**이다. 예비전원 정상유무는 알 수 없다. 발신기램프도 점등되어 있지만 이는 발신기를 눌렀다는 의미로 예비전원 상태는 알 수 없다.

발신기

전압지시
높음
정상
낮음

정답 ②

39 다음 그림의 소화기 설명으로 옳은 것은?

유사문제
23년 문15
23년 문47
22년 문09

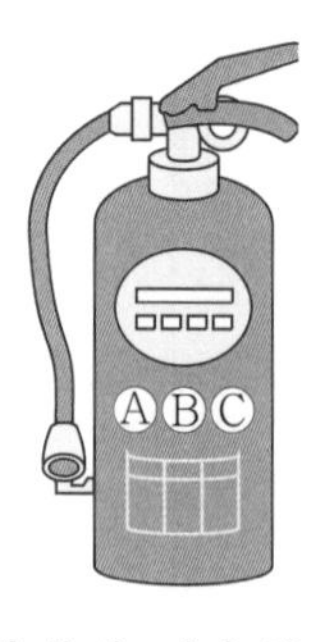

① 철수 : 고무공장에서 발생하는 화재에 적응성을 갖기 위해서 제1인산암모늄을 주성분으로 하는 분말소화기를 비치하는 것이 맞아.

② 영희 : 소화기는 함부로 사용하지 못하도록 바닥으로부터 1.5m 이상의 위치에 비치해야 해.

③ 민수 : 축압식 분말소화기의 정상압력 범위는 0.6~0.98MPa이야.

④ 지영 : 소화기를 비치할 때는 해당 건물 전체 능력단위의 2분의 1을 넘어선 안돼.

① 고무공장은 일반화재(A급)이므로 제1인산암모늄을 주성분으로 하는 분말소화기를 비치하는 것은 옳은 답

‖소화약제 및 적응화재‖

적응화재	소화약제의 주성분	소화효과
BC급	탄산수소나트륨($NaHCO_3$)	• 질식효과 • 부촉매(억제)효과
	탄산수소칼륨($KHCO_3$)	
ABC급	제1인산암모늄($NH_4H_2PO_4$)	
BC급	탄산수소칼륨($KHCO_3$)+요소($(NH_2)_2CO$)	

② 함부로 사용하지 못하도록 → 사용하기 쉽도록, 1.5m 이상 → 1.5m 이하

소화기의 설치기준

(1) 설치높이 : 바닥에서 **1.5m** 이하

(2) 설치면적 : 구획된 실 바닥면적 **33m^2** 이상에 1개 설치

③ 0.6~0.98MPa → 0.7~0.98MPa

• 용기 내 압력을 확인할 수 있도록 지시압력계가 부착되어 사용가능한 범위가 0.7~0.98MPa로 녹색으로 되어 있음

지시압력계

(1) 노란색(황색) : 압력부족

(2) 녹색 : 정상압력

(3) 적색 : 정상압력 초과

‖소화기 지시압력계‖

‖지시압력계의 색표시에 따른 상태‖

노란색(황색)	녹 색	적 색
‖압력이 부족한 상태‖	‖정상압력 상태‖	‖정상압력보다 높은 상태‖

④ 소화기 → 간이소화용구

간이소화용구는 전체 능력단위의 $\frac{1}{2}$을 넘어서는 안된다. (단, 노유자시설인 경우 제외)

 정답 ①

★★★

40 그림의 옥내소화전설비 동력 및 감시제어반의 설명으로 옳은 것은?

유사문제
23년 문46
23년 문49
22년 문37

교재
PP.119
-120

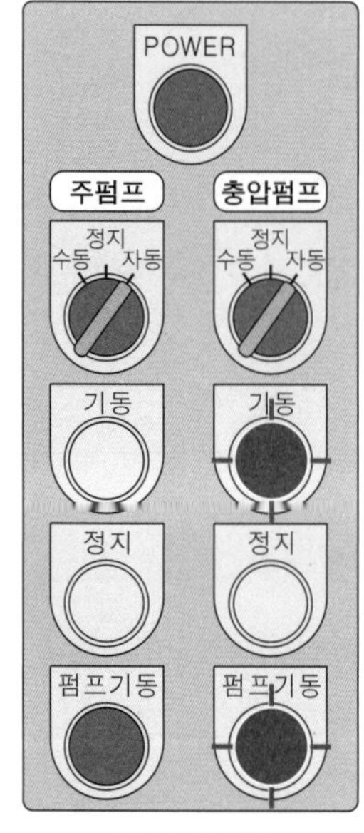

| 동력제어반 |

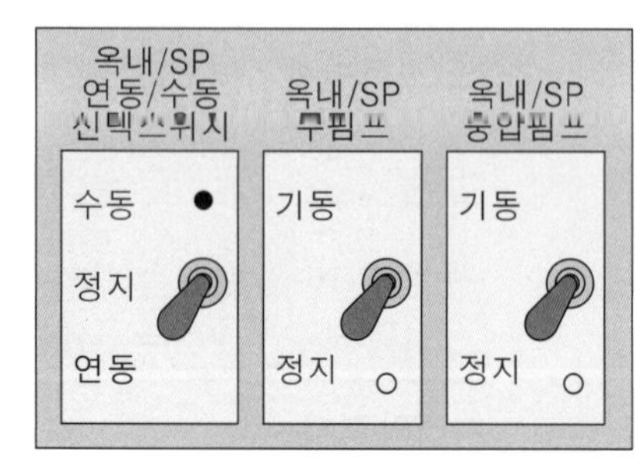

| 감시제어반 |

① 누군가 옥내소화전을 사용하여 주펌프가 기동하고 있다.
② 배관 내 압력저하가 발생하여 충압펌프가 자동으로 기동하였다.
③ 동력제어반에서 수동으로 충압펌프를 기동시켰다.
④ 감시제어반에서 수동으로 충압펌프를 기동시켰다.

해설

② ㉠ 감시제어반 선택스위치 : **연동**, 주펌프 : **정지**, 충압펌프 : **정지**로 되어 있어서 수동으로는 작동하지 않으므로 배관 내 압력저하가 발생하여 자동으로 작동된 것으로 추측할 수 있다.
㉡ 충압펌프 기동램프가 점등되어 있으므로 충압펌프가 기동한다.

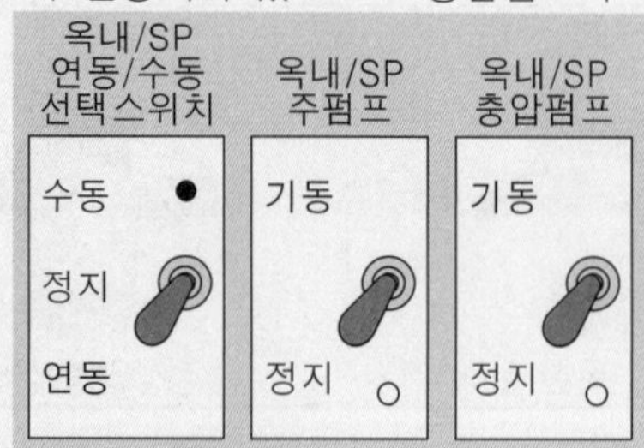

① 주펌프의 기동램프가 점등되지 않았으므로 주펌프가 기동하지 않는다.

③ **동력제어반 충압펌프 선택스위치**가 **자동**으로 되어 있으므로 충압펌프는 수동으로 기동되지 않는다.

④ **감시제어반 선택스위치**가 **연동**으로 되어 있으므로 충압펌프는 수동으로 기동되지 않는다.

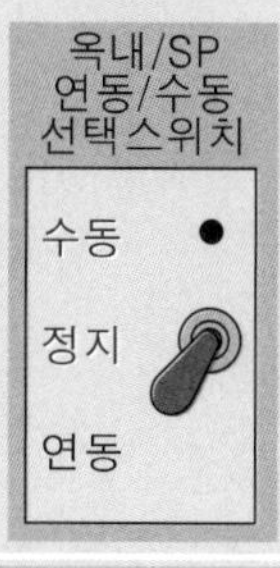

정답 ②

41 다음 보기 중 빈칸의 내용으로 옳은 것은?

유사문제 23년 문35 23년 문40 23년 문50

교재 P.285

성인심폐소생술(가슴압박)
- 위치 : 환자의 가슴뼈(흉골)의 (㉠)절반 부위
- 자세 : 양팔을 쭉 편 상태로 체중을 실어서 환자의 몸과 수직이 되도록 가슴을 압박하고, 압박된 가슴은 완전히 이완되도록 한다.
- 속도 및 깊이 : 성인기준으로 속도는 (㉡)회/분, 깊이는 약 (㉢)cm

① ㉠ 아래쪽, ㉡ 80~100, ㉢ 5
② ㉠ 아래쪽, ㉡ 100~120, ㉢ 5
③ ㉠ 위쪽, ㉡ 80~100, ㉢ 7
④ ㉠ 위쪽, ㉡ 100~120, ㉢ 7

해설 **성인의 가슴압박**

(1) 환자의 얼굴과 가슴을 10초 이내로 관찰
10초 이상 ×
(2) 구조자의 체중을 이용하여 압박
(3) 인공호흡에 자신이 없으면 가슴압박만 시행
① 위치 : 환자의 가슴뼈(흉골)의 아래쪽 절반 부위 보기 ㉠
② 자세 : 양팔을 쭉 편 상태로 체중을 실어서 환자의 몸과 수직이 되도록 가슴을 압박하고, 압박된 가슴은 완전히 이완되도록 한다.

기출문제 2020

구 분	설 명
속 도	분당 100~120회 보기 ㉡
깊 이	약 5cm(소아 4~5cm) 보기 ㉢

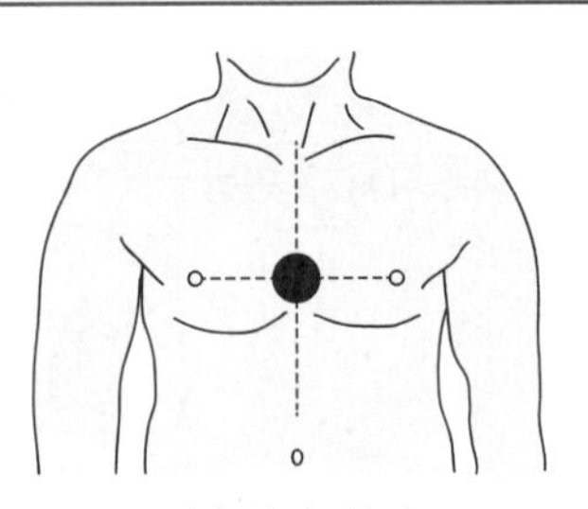

‖ 가슴압박 위치 ‖

정답 ②

★★★
42 안전관리자 A씨가 근무 중 수신기를 조작한 운영기록이다. 다음 설명 중 옳은 것은?

유사문제 22년 문42
교재 P.137

순 번	일 시	회선정보	회선설명	동작구분	메시지
1	2022.09.01. 22시 13분 00초	01-003-1	2F 감지기	화재	화재발생
2	2022.09.01. 22시 13분 05초	01-003-1	-	수신기	수신기복구
3	2022.09.01. 22시 17분 07초	01-003-1	2F 감지기	화재	화재발생
4	2022.09.01. 22시 17분 45초	01-003-1	-	수신기	주음향 정지
5	2022.09.01. 22시 17분 47초	01-003-1	-	수신기	지구음향 정지

① A씨는 2F 발신기 오작동으로 인한 화재를 복구한 적이 있다.
② 건물의 4층에서 빈번하게 화재감지기가 작동한다.
③ 운영기록을 보면 건물 2층 감지기 오작동을 예상할 수 있다.
④ 22년 9월 1일에는 주경종 및 지구경종의 음향이 멈추지 않았다.

해설

① 발신기 오작동 → 감지기 오작동

회선설명
2F **감지기**

메시지
화재발생
수신기복구

② 4층 → 2층

회선설명
2F 감지기

2F(2층) 감지기가 작동되었으므로 2층에서 빈번한 화재감지기 작동

④ 멈추지 않았다. → 멈추었다.

메시지
주음향 정지
지구음향 정지

주음향정지, 지구음향 정지 메시지가 나타났으므로 주경종 및 지구경종 음향은 멈추는게 맞다.

정답 ③

43 소화기를 아래 그림과 같이 배치했을 경우, 다음 설명으로 옳지 않은 것은?

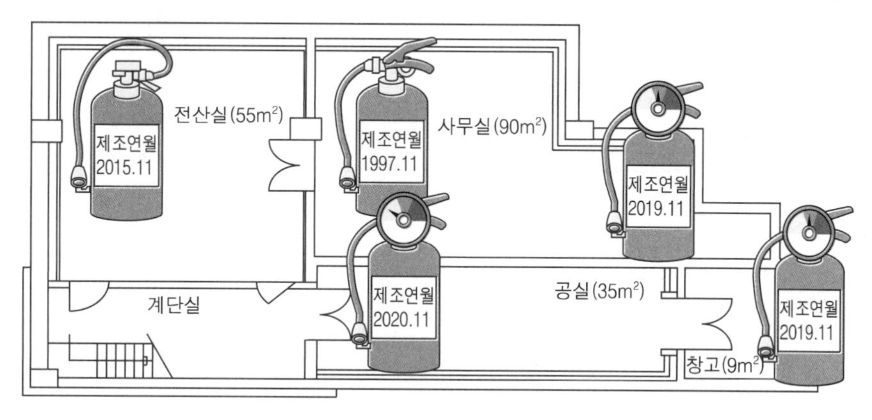

① 전산실 : 소화기의 내용연수가 초과하여 소화기를 교체해야 한다.
② 사무실 : 가압식 소화기는 폐기하여야 하며, 축압식 소화기는 정상이다.
③ 공실 : 소화기 압력미달로 교체하여야 한다.
④ 창고 : 법적으로 면적미달로 소화기 미설치 구역이지만, 비치해도 관계없다.

해설

① 초과하여 → 초과되지 않아, 교체하여야 한다. → 교체할 필요 없다.
제조년월 : 2015.11.이고 내용연수가 10년이므로 2025.11.까지가 유효기간이므로 내용연수가 초과되지 않았다.

내용연수

소화기의 내용연수를 **10년**으로 하고 내용연수가 지난 제품은 교체 또는 성능확인을 받을 것

내용연수 경과 후 10년 미만	내용연수 경과 후 10년 이상
3년	1년

② 가압식 소화기는 폭발우려가 있으므로 폐기하여야 하며, 압력계가 정상범위에 있으므로 축압식 소화기는 정상이다.
③ 소화기 압력미달로 교체해야 한다.

가압식 소화기 : 압력계 ×	축압식 소화기 : 압력계 ○
• 본체 용기 내부에 가압용 가스용기가 **별도**로 설치되어 있으며, 현재는 용기 폭발우려가 있어 생산 중단	• 본체 용기 내에는 규정량의 소화약제와 **함께** 압력원인 **질소**가스가 충전되어 있음 • 용기 내 압력을 확인할 수 있도록 지시압력계가 부착되어 사용 가능한 범위가 **0.7~0.98MPa**로 **녹색**으로 되어 있음
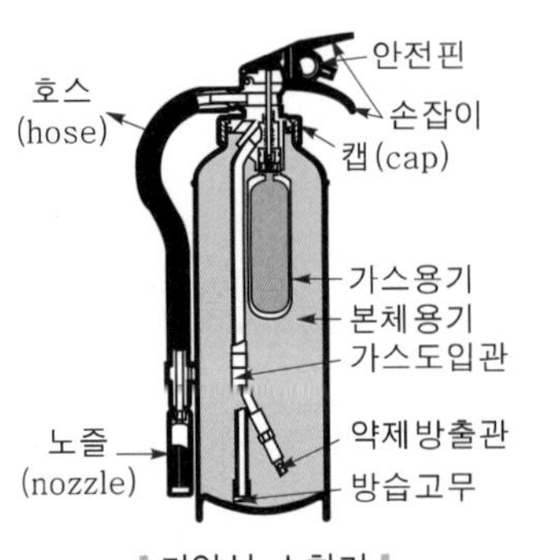 ‖ 가압식 소화기 ‖	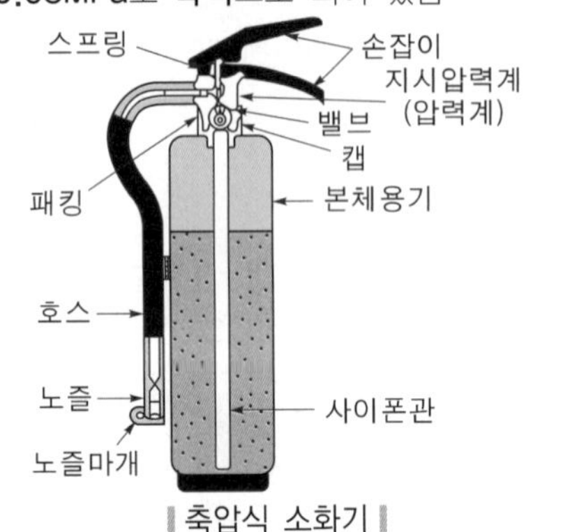 ‖ 축압식 소화기 ‖

지시압력계

(1) 노란색(황색) : **압력부족**
(2) 녹색 : 정상압력
(3) 적색 : **정상압력 초과**

‖ 소화기 지시압력계 ‖

‖ 지시압력계의 색표시에 따른 상태 ‖

노란색(황색) 보기 ③	녹 색	적 색
‖ 압력이 부족한 상태 ‖	‖ 정상압력 상태 ‖	‖ 정상압력보다 높은 상태 ‖

④ $33m^2$ 이상에 설치하지만 $33m^2$ 미만에 비치해도 아무관계가 없으므로 옳다.

소화기의 설치기준

(1) 설치높이 : 바닥에서 **1.5m** 이하
(2) 설치면적 : 구획된 실 바닥면적 **$33m^2$** 이상에 1개 설치

정답 ①

★★★
44 평상시 제어반의 상태로 옳지 않은 것을 있는 대로 고른 것은? (단, 설비는 정상상태이며 제시된 조건을 제외하고 나머지 조건은 무시한다.)

유사문제
23년 문46
23년 문49
22년 문37

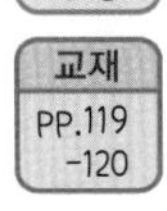

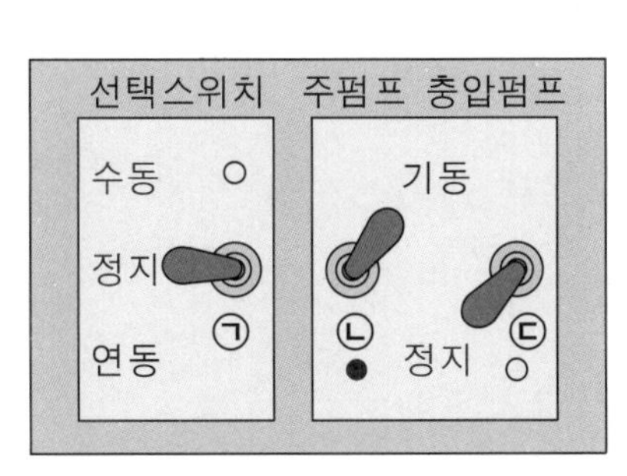

‖ 감시제어반 스위치 ‖

‖ 동력제어반 스위치 ‖

① ㉠, ㉡
② ㉠, ㉢, ㉣
③ ㉠, ㉡, ㉣
④ ㉠, ㉡, ㉤

해설

㉠ 정지 → 연동
㉡ 기동 → 정지
㉤ 수동 → 자동

평상시 상태

감시제어반	동력제어반
선택스위치 : **연동** 보기 ㉠ 주펌프 : **정지** 보기 ㉡ 충압펌프 : **정지** 보기 ㉢	주펌프 선택스위치 : **자동** 보기 ㉣ • 주펌프 기동램프 : **소등** • 주펌프 정지램프 : **점등** • 주펌프 펌프기동램프 : **소등** 충압펌프 선택스위치 : **자동** 보기 ㉤ • 충압펌프 기동램프 : **소등** • 충압펌프 정지램프 : **점등** • 충압펌프 펌프기동램프 : **소등**

정답 ④

★★★
45 다음 빈칸의 내용으로 옳은 것은?

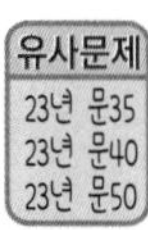

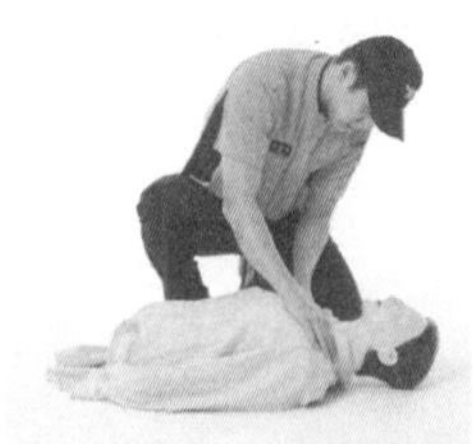

‖ 반응 및 호흡 확인 ‖

- 환자의 (㉠)를 두드리면서 "괜찮으세요?"라고 소리쳐서 반응을 확인한다.
- 쓰러진 환자의 얼굴과 가슴을 (㉡) 이내로 관찰하여 호흡이 있는 지를 확인한다.

① ㉠ : 어깨, ㉡ : 1초
② ㉠ : 손바닥, ㉡ : 5초
③ ㉠ : 어깨, ㉡ : 10초
④ ㉠ : 손바닥, ㉡ : 10초

해설 **성인의 가슴압박**

(1) 환자의 **어깨**를 두드린다. [보기 ㉠]
(2) 환자의 얼굴과 가슴을 **10초 이내**로 관찰 [보기 ㉡]
(3) 구조자의 체중을 이용하여 압박한다.
(4) 인공호흡에 자신이 없으면 가슴압박만 시행한다.

구 분	설 명
속 도	분당 100~120회
깊 이	약 5cm(소아 4~5cm)

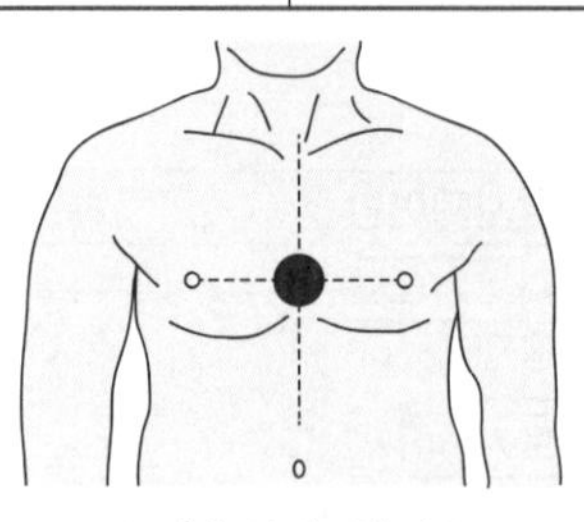

‖ 가슴압박 위치 ‖

정답 ③

기출문제 2020

★★★
46 P형 수신기가 정상이라면, 평상시 점등상태를 유지하여야 하는 표시등은 몇 개소이고 어디인가?

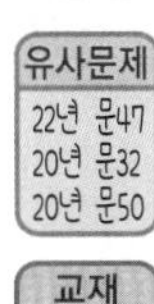

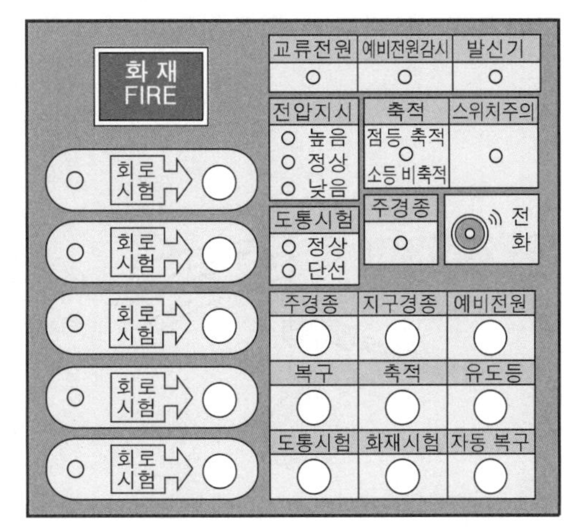

① 2개소 : 교류전원, 전압지시(정상)
② 2개소 : 교류전원, 축적
③ 3개소 : 교류전원, 전압지시(정상), 축적
④ 3개소 : 교류전원, 전압지시(정상), 스위치주의

해설 **평상시 점등상태를 유지하여야 하는 표시등** 보기 ①

(1) 교류전원
(2) 전압지시(정상)

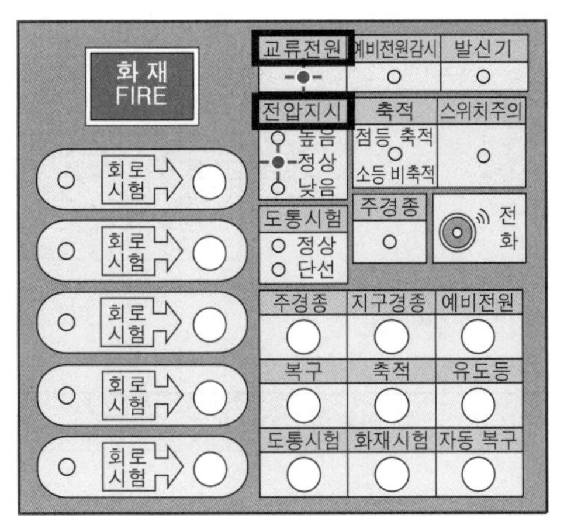

‖P형 수신기‖

정답 ①

★★

47 최상층의 옥내소화전 방수압력을 측정한 후 점검표를 작성했다. 점검표(㉠~㉡) 작성에 대한 내용으로 옳은 것은? (단, 방수압력 측정시 방수압력측정계의 압력은 0.3MPa로 측정되었고, 주펌프가 기동하였다.)

유사문제
23년 문39
22년 문48
20년 문35

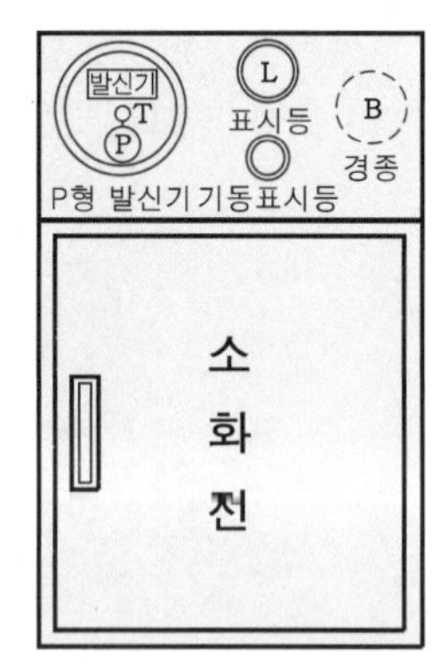

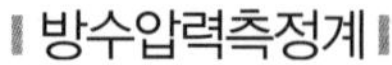
▮방수압력측정계▮

▮옥내소화전함▮

점검번호	점검항목	점검결과
2-C	펌프방식	
2-C-002	옥내소화전 방수량 및 방수압력 적정 여부	㉠
2-F	함 및 방수구 등	
2-F-002	위치 기동표시등 적정설치 및 정상점등 여부	㉡

① ㉠ : ○, ㉡ : ○　　② ㉠ : ×, ㉡ : ×
③ ㉠ : ×, ㉡ : ○　　④ ㉠ : ○, ㉡ : ×

㉠ 단서에서 방수압력측정계 압력이 0.3MPa이므로 0.17~0.7MPa 이하이기 때문에 ○
㉡ 단서에서 주펌프가 기동하였지만 기동표시등이 점등되지 않았으므로 ×

옥내소화전 방수압력 측정

(1) 측정장치 : 방수압력측정계(피토게이지)

(2)

방수량	방수압력
130L/min	0.17~0.7MPa 이하 보기 ㉠

(3) 방수압력 측정방법 : 방수구에 호스를 결속한 상태로 노즐의 선단에 방수압력측정계(피토게이지)를 근접$\left(\frac{D}{2}\right)$시켜서 측정하고 방수압력측정계의 압력계상의 눈금을 확인한다.

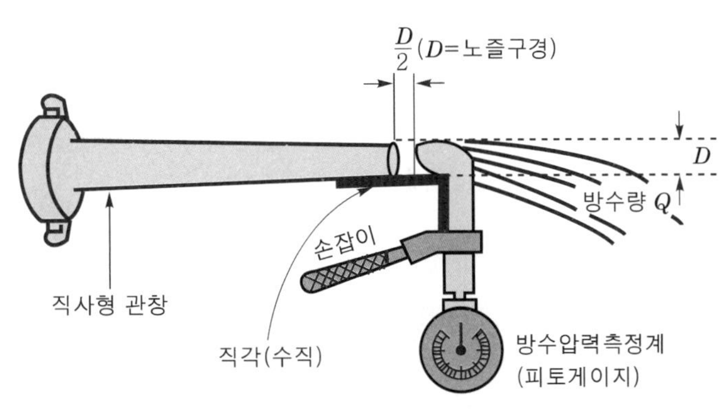

▌방수압력 측정▌

정답 ④

★★

48 축압식 소화기의 압력게이지가 다음 상태인 경우 판단으로 맞는 것은?

① 압력이 부족한 상태이다.
② 정상압력보다 높은 상태이다.
③ 정상압력을 가르키고 있다.
④ 소화약제를 정상적으로 방출하기 어려울 것으로 보인다.

해설 **축압식 소화기의 압력게이지 상태**

압력이 부족한 상태	정상압력상태	정상압력보다 높은 상태 보기 ②

정답 ②

49 다음 중 그림에 대한 설명으로 옳지 않은 것은?

유사문제
23년 문35
23년 문40
23년 문50

교재
PP.284-288

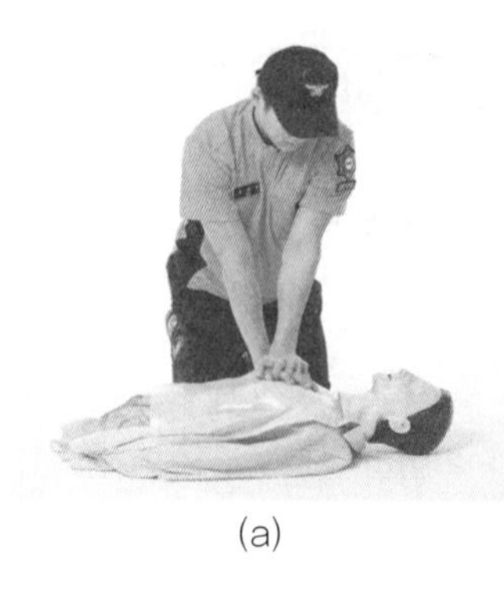
(a)

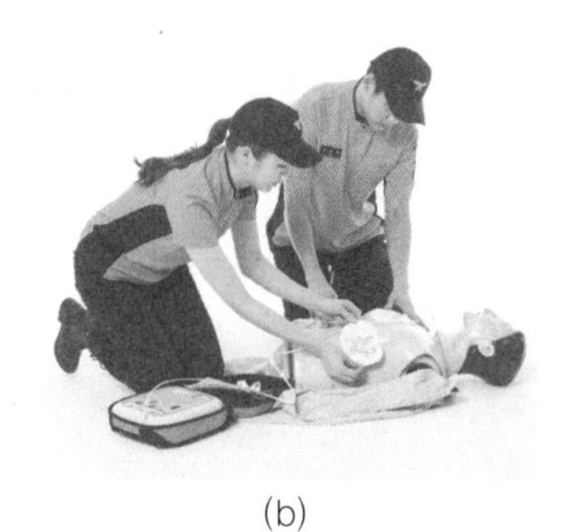
(b)

① 철수 : (a) 절차에는 분당 100~120회의 속도로 약 5cm 깊이로 강하고 빠르게 시행해야 해.
② 영희 : 그림에서 보여지는 모습은 심폐소생술 관련 동작이야. 그리고 기본순서로는 가슴압박 > 기도유지 > 인공호흡으로 알고 있어.
③ 민수 : 환자 발견 즉시 (a)의 모습대로 30회의 가슴압박과 5회의 인공호흡을 119 구급대원이 도착할 때까지 반복해서 시행해야 해.
④ 지영 : (b)의 응급처치 기기를 사용 시 2개의 패드를 각각 오른쪽 빗장뼈 아래와 왼쪽 젖꼭지 아래의 중간겨드랑선에 부착해야 해.

해설

③ 5회 → 2회

(1) **성인의 가슴압박**
① 환자의 **어깨**를 두드린다.
② 쓰러진 환자의 얼굴과 가슴을 10초 이내로 관찰하여 호흡이 있는지를 확인한다.
10초 이상 ×
③ 구조자의 체중을 이용하여 압박한다.
④ 인공호흡에 자신이 없으면 가슴압박만 시행한다.

구 분	설 명 보기 ①
속 도	분당 **100~120회**
깊 이	약 **5cm(소아 4~5cm)**

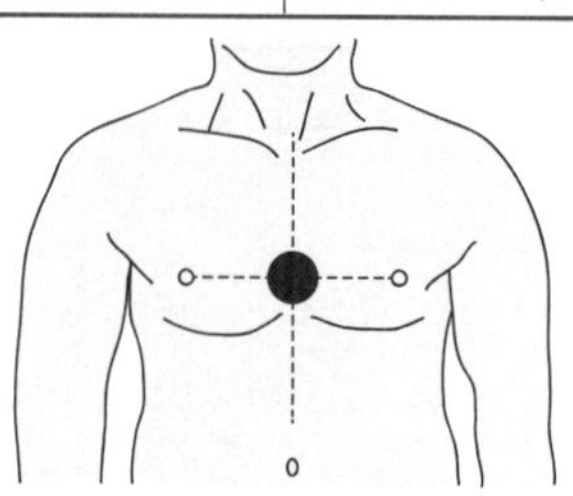
▌가슴압박 위치▌

기출문제 2020

(2) **심폐소생술**

심폐소생술 실시	심폐소생술 기본순서 보기 ②
호흡과 심장이 멎고 **4~6분**이 경과하면 산소 부족으로 뇌가 손상되어 원상 회복되지 않으므로 호흡이 없으면 즉시 심폐소생술을 실시해야 한다.	**가슴압박 → 기도유지 → 인공호흡** 공하성 기억법 **가기인**

(3) **심폐소생술의 진행**

구 분	시행횟수 보기 ③
가슴압박	30회
인공호흡	2회

(4) **자동심장충격기(AED) 사용방법**

① 자동심장충격기를 심폐소생술에 방해가 되지 않는 위치에 놓은 뒤 전원버튼을 누른다.

② 환자의 상체를 노출시킨 다음 패드 포장을 열고 2개의 패드를 환자의 가슴에 붙인다.

③ 패드는 **왼쪽 젖꼭지 아래의 중간겨드랑선**에 설치하고 **오른쪽 빗장뼈**(쇄골) 바로 **아래**에 붙인다. 보기 ④

‖ 패드의 부착위치 ‖

패드 1	패드 2
오른쪽 빗장뼈(쇄골) 바로 아래	왼쪽 젖꼭지 아래의 중간겨드랑선

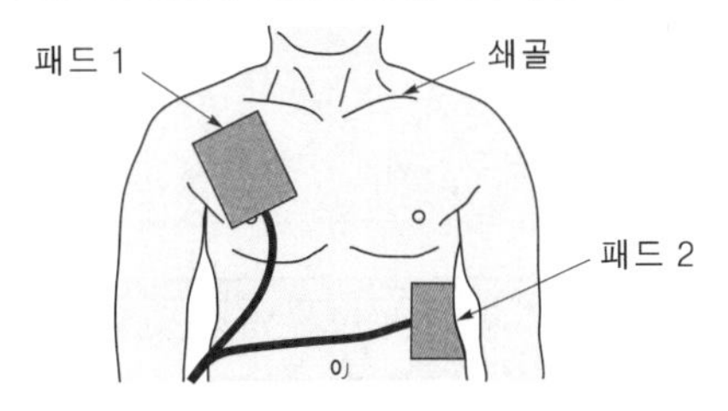

‖ 패드 위치 ‖

④ 심장충격이 필요한 환자인 경우에만 제세동버튼이 깜박이기 시작하며, 깜박일 때 심장충격버튼을 눌러 심장충격을 시행한다.

⑤ 심장충격버튼을 누르기 전에는 반드시 주변사람 및 구조자가 환자에게서 떨어져 있는지 다시 한 번 확인한 후에 실시하도록 한다.
누른 후에는 ×

⑥ 심장충격이 필요 없거나 심장충격을 실시한 이후에는 즉시 **심폐소생술**을 다시 시작한다.

⑦ **2분**마다 심장리듬을 분석한 후 반복 시행한다.

정답 ③

50 그림과 같이 수신기의 스위치주의등이 점멸하고 있을 경우 수신기를 정상으로 복구하는 방법으로 옳은 것은?

유사문제
22년 문47
20년 문32
20년 문46

교재
P.140

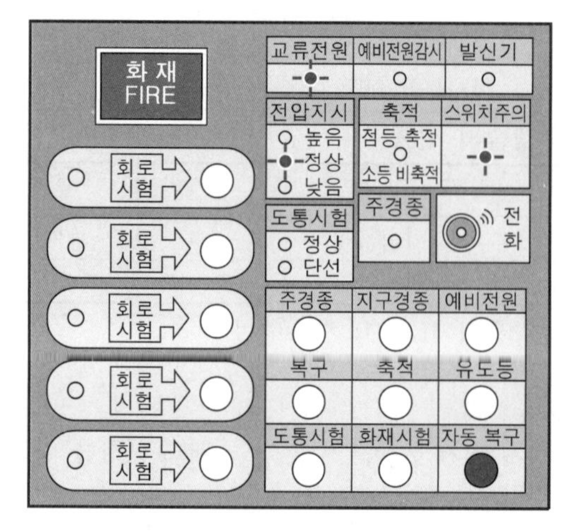

① 수신기의 복구 버튼을 누른다.
② 조작스위치가 정상위치에 있지 않은 스위치를 찾아 정상위치 시킨다.
③ 스위치주의등이 복구될 때까지 기다린다.
④ 수신기의 예비전원 버튼을 누른다.

해설

② 스위치주의등이 점멸하고 있을 때는 **지구경종**, **주경종**, **자동복구스위치** 등이 눌려져 있을 때이므로 눌려져 있는 스위치(정상위치에 있지 않은 스위치)를 정상위치 시킨다. 현재는 자동복구스위치가 눌려져 있으므로 자동복구스위치를 자동복구시키면 된다.

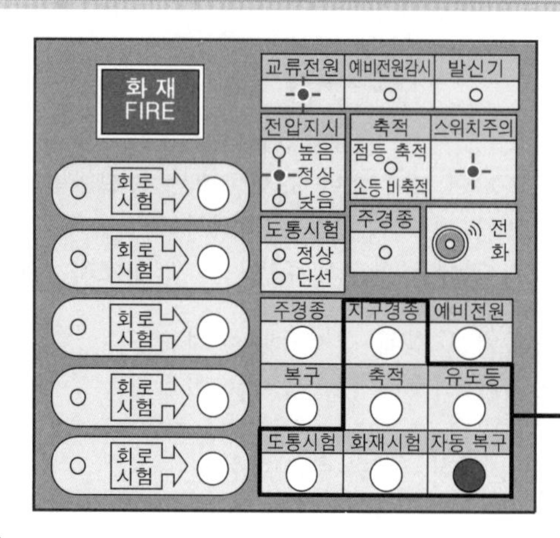

정답 ②

한국소방안전원
KOREA FIRE SAFETY INSTITUTE

자격시험 및 평가 답안지

종목	
유형	Ⓐ Ⓑ Ⓒ Ⓓ
일자	
성명	

수험번호					
⓪	⓪	⓪	⓪	⓪	⓪
①	①	①	①	①	①
②	②	②	②	②	②
③	③	③	③	③	③
④	④	④	④	④	④
⑤	⑤	⑤	⑤	⑤	⑤
⑥	⑥	⑥	⑥	⑥	⑥
⑦	⑦	⑦	⑦	⑦	⑦
⑧	⑧	⑧	⑧	⑧	⑧
⑨	⑨	⑨	⑨	⑨	⑨

감독 확인	

▲ 상단 바코드 훼손에 주의합니다.

문항	정답 (1–10)	문항	정답 (11–20)	문항	정답 (21–30)	문항	정답 (31–40)	문항	정답 (41–50)
1	① ② ③ ④	11	① ② ③ ④	21	① ② ③ ④	31	① ② ③ ④	41	① ② ③ ④
2	① ② ③ ④	12	① ② ③ ④	22	① ② ③ ④	32	① ② ③ ④	42	① ② ③ ④
3	① ② ③ ④	13	① ② ③ ④	23	① ② ③ ④	33	① ② ③ ④	43	① ② ③ ④
4	① ② ③ ④	14	① ② ③ ④	24	① ② ③ ④	34	① ② ③ ④	44	① ② ③ ④
5	① ② ③ ④	15	① ② ③ ④	25	① ② ③ ④	35	① ② ③ ④	45	① ② ③ ④
6	① ② ③ ④	16	① ② ③ ④	26	① ② ③ ④	36	① ② ③ ④	46	① ② ③ ④
7	① ② ③ ④	17	① ② ③ ④	27	① ② ③ ④	37	① ② ③ ④	47	① ② ③ ④
8	① ② ③ ④	18	① ② ③ ④	28	① ② ③ ④	38	① ② ③ ④	48	① ② ③ ④
9	① ② ③ ④	19	① ② ③ ④	29	① ② ③ ④	39	① ② ③ ④	49	① ② ③ ④
10	① ② ③ ④	20	① ② ③ ④	30	① ② ③ ④	40	① ② ③ ④	50	① ② ③ ④

작성시 유의사항

- 시험종목, 시험일자, 성명, 수험번호를 정확하게 기재하여 주십시오.
- 문제지 유형과 수험번호를 검정색 수성사인펜, 볼펜 등으로 바르게 ● 표기하십시오.

  ※ 수험번호는 아라비아숫자 6자리 작성 후 표기
- 「감독확인」란은 응시자가 작성하지 않으며, 감독확인이 없는 답안지는 무효 처리합니다.
- 답안지는 구기거나 접지 마시고, 절대 낙서하지 마십시오.
- 이중 표기 등 잘못된 기재로 인한 OMR기의 인식 오류는 응시자 책임이므로 주의하시기 바랍니다.

바른 표기	●	잘못된 표기	✓ ⊘ ⊙ ⊗

- 응시자는 시험시간이 종료되면 즉시 답안작성을 멈춰야 하며, 감독위원의 답안지 제출지시에 불응할 때에는 당해 시험은 무효 처리됩니다.

소방안전관리자 3급
5개년 기출문제

무료 강의

2022. 7. 15. 초 판 1쇄 발행
2023. 3. 22. 1차 개정증보 1판 1쇄 발행
2024. 1. 3. 2차 개정증보 2판 1쇄 발행
2024. 5. 22. 3차 개정증보 3판 1쇄 발행
2025. 1. 8. 3차 개정증보 3판 2쇄 발행

지은이 | 공하성
펴낸이 | 이종춘
펴낸곳 |  (주)도서출판 성안당
주소 | 04032 서울시 마포구 양화로 127 첨단빌딩 3층(출판기획 R&D 센터)
10881 경기도 파주시 문발로 112 파주 출판 문화도시(제작 및 물류)
전화 | 02) 3142-0036
031) 950-6300
팩스 | 031) 955-0510
등록 | 1973. 2. 1. 제406-2005-000046호
출판사 홈페이지 | www.cyber.co.kr
ISBN | 978-89-315-8698-5 (13530)
정가 | 20,000원

이 책을 만든 사람들
기획 | 최옥현
진행 | 박경희
교정·교열 | 김혜린
전산편집 | 전채영
표지 디자인 | 박현정
홍보 | 김계향, 임진성, 김주승, 최정민
국제부 | 이선민, 조혜란
마케팅 | 구본철, 차정욱, 오영일, 나진호, 강호묵
마케팅 지원 | 장상범
제작 | 김유석